기초 헤어 응용 실습서

홍미라 · 윤영한 저

구민사

머리말 PREFACE

이 책은 미용의 기초라 할 수 있는 부분에 대한 이론과 실기를 위한 실습서로, 헤어 부분의 가장 기본이라 할 수 있는 모발과학에 대한 이론적 지식과 커트 & 퍼머넌트웨이브 & 염색 & 드라이 등의 이론적인 개념을 이해하고, 실습을 통해 스타일을 연출하고 이해하고자 하는 실습서로 구성되었습니다.

부디 헤어 미용을 배우는 학생들에게 좋은 자료가 되길 바라며, 뷰티 분야가 가치 있는 직업이며 한류를 넘어 세계적으로 도약하는 분야임에 자부심을 가졌으면 합니다.

이 책의 출간에 도움을 주신 모든 분들께 진심으로 감사드립니다.

저자 **홍미라 · 윤영한**

차례 CONTENTS

차례 CONTENTS

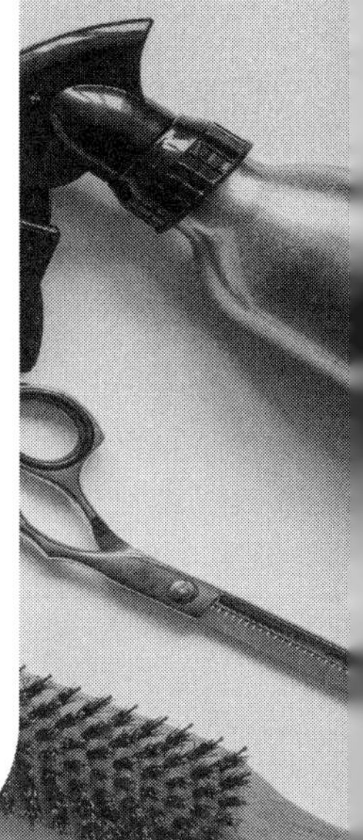

차례 CONTENTS

차례 CONTENTS

Chapter

01 모발과학

1. 모발의 기능

(1) 보호의 기능

(2) 장식의 기능

2. 모발의 분류

(1) 취모(배냇머리/Lanugo hair)

-
-
-

(2) 연모(솜털/Vellus hair)

-
-
-

(3) 중간모(Intermediate hair)

-
-
-

(4) 경모(성모/Terminal hair)

-
-
-

(5) 변화(사춘기 이후)

- 수염, 음모 : 연모 → 성모
- 대머리 : 성모 → 연모

3. 모발의 형태에 따른 분류

(1) 직모 : 동양(몽골) → 굵다

-
-

(2) 파상모 : 유럽(백인) → 가늘다

-
-

(3) 축모 : 아프리카(흑인) → 굵다

-
-

4. 모발의 상태에 따른 분류

(1) 지성모발(Oily hair)

-
-

(2) 건성모발(Dry hair)

-
-

(3) 중성모발(Neutral hair)

-
-

(4) 손상모발(Damage hair)

5. 모발의 성분

1) 케라틴

(1) 필수 아미노산

(2) 불필수 아미노산

케라틴을 구성하는 18가지 아미노산					
산성 아미노산	아스파라긴산	8.0%	중성 아미노산	티로신	3.1%
	글루타민산	14.8%		글리신	9.5%
중성 아미노산	발린	4.7%		알라닌	4.0%
	로이신	9.1%		트립토판	0.7%
	이소로이신	2.2%		시스틴	16.0%
	페닐알라닌	2.7%		메티오닌	1.0%
	프롤린	3.7%	염기성 아미노산	아르기닌	9.6%
	세린	7.6%		리신	2.6%
	트레오닌	7.2%		히스티딘	0.9%

(3) 아미노산의 구조식

① 천연단백질은 20종류의 아미노산으로 구성

② α-탄소에 아미노기와 카르복실기가 결합되어 있고 L-형의 입체 구조를 가지고 있어 L-α-아미노산이라 함

③ 일반적으로 케라틴 단백질을 만들고 있는 아미노산은 분자 내에 염기성 아미노기(-NH_2) 1개와 산성의 카르복실기(-COOH) 1개를 가지고 있는데 아미노산과 카르복실기는 이온적으로 염결합을 하고 있음

④ 아미노산은 생리적 pH 범위에서 카르복실기가 양성자를 방출한 형태로 존재하고 아미노기는 양성자를 수용한 형태로 존재

⑤ R 작용기에 따라 각 아미노산의 독특한 성질을 가짐

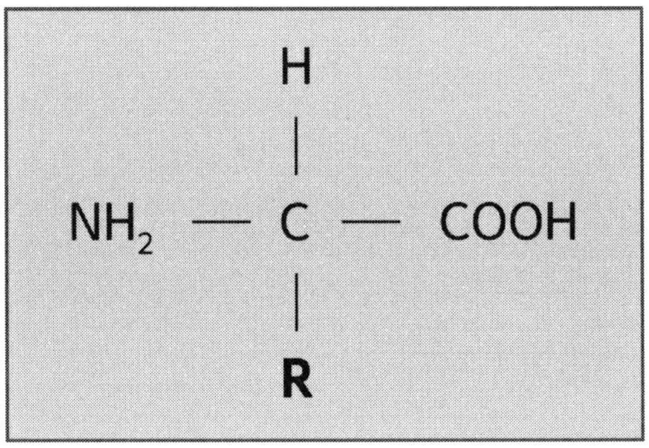

■ 아미노산의 화학적 구조식

2) 수분

① 모발은 공기 중에 습도가 높으면 수분을 흡수하고, 건조하면 수분을 빼앗기는데 모발의 수분량에 따라 모발의 상태가 결정된다.

② 건강한 모발은 중량의 약 15% 전후의 수분을 함유하고 있고, 손상모인 경우는 10% 이하의 수분을 함유하고 있으며, 샴푸 직후에는 약 30~35% 때 포화 상태가 되고, 모경은 15% 팽창한다.

3) 멜라닌 색소

멜라노사이트(Melanocyte) 즉, 색소형성세포에 있는 티로신(tyrosine)의 산화 중합과정에 의해 형성

① 생성 과정 : 티로신 - 도파 - 도파퀴논 - 도파크롬 - 멜라닌 - 케라티이트(산화 : 분자의 입자(크기)를 작게 함(예 $H_2 O_2$))

② 멜라노사이트 내 멜라노좀의 수와 크기에 의해 피부색 결정
(멜라노좀의 수와 입자가 클수록 어두운 색)

③ 자외선 흡수로 피부 보호작용

④ 멜라닌 생산 억제 : 비타민 C

⑤ 멜라닌의 종류

- 유멜라닌(eumelanin) : 흑갈색
- 페오멜라닌(pheomelanin) : 적갈색

4) 지질

인종 및 성별에 따라 본질적인 차이가 없는 모발의 구성 물질인 지질 유리지방산이 주성분이고 중성지질 즉, Wax, glyceride, cholesterol, squalene 등을 함유하고 있다. 샴푸의 효능이나 마찰효과와 같은 표면효과에 중요한 역할을 한다.

5) 미량원소

모발을 건강하게 유지하는 데 필수적으로 요구되는 기타원소로서 이들이 체내에서 극히 미량으로 발견되기 때문에 미량원소라고 한다.
탄소, 수소, 질소, 산소, 황의 기본요소 등 모발의 색소 구성에 있어 영향을 미치며, 인, 규소 등 금속을 함유하고 있는 미량원소는 30여 종류의 무기성분이 있다.

6. 모발의 사이클

1) 모발의 생성 조건

(1) 모유두 건재

① 기능 저하

② 외상 또는 염증에 의한 손상

(2) 모세혈관 정상 기능

- 아미노산 수송

(3) 자율신경 정상 기능

- 단백질 합성효소 작용 저하

(4) 단백질합성효소 정상 기능

① 호르몬, 비타민, 미네랄 정상 보급
② 모유두 기능 저하 원인

2) 모발의 Life Cycle

(1) 성장기(Anagen Stage)

① 수명은 1,000일 이상(3~6년)
② 전체 모발의 80~90% 차지
③ 한 달에 1~1.5cm 정도 자람
④ 음식물, 호르몬, 비타민 등의 영향을 받음

(2) 퇴화기(Catagen Stage)

① 수명은 10일 이상(1~1.5개월)
② 전체 모발의 1%를 차지
③ 모구부가 수축하여 모유두로 나눠지며 모낭에 둘러싸여 위쪽으로 올라간다. 이때 세포분열은 정지하고 있다.

(3) 휴지기(Telogen Stage)

① 수명은 100일 이상(3~4개월)
② 모유두가 위축되고 모낭은 차츰 쪼그라들며, 모근은 위쪽으로 밀려 올라가 빠진다.(모근부는 위쪽에 올라와 있고, 모낭의 깊이는 1/3 정도) 모발이 없어지는 시기로 전체 모발의 4~14%에 해당(분만 후 40~80%)되며 이 시기의 모발은 brushing으로 쉽게 빠짐

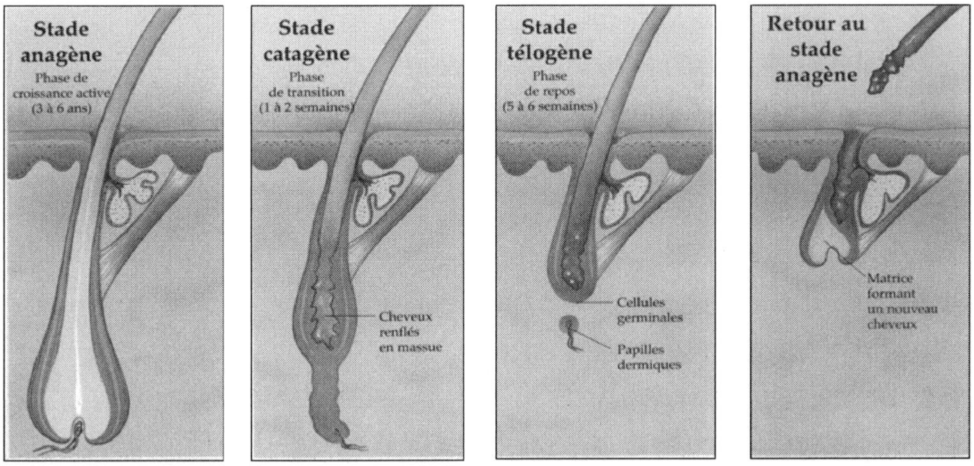

하나겐 시기 (성장단계, 3~6년)	카티겐 시기 (과도기, 1~2주)	텔로겐 시기 (탈락기 5~6주)	아나겐 시기 (회기)

▪ 모발 주기는 일생 동안 23~25회 반복

3) 모발의 구조

(1) 모간부(Hair shaft)

① 모표피(모소피, Cuticle) - 모발 전체의 약 ( )% 차지

- 에피큐티클(Epicuticle) : 최외층
- 엑소큐티클(Exocuticle) : 중간층
  - 불안정, 펌제 등에 약함, 시스틴 함량이 많음
  - Alpha층 : 엑소큐티클 전체보다 시스틴 함량 많음, 균일하게 존재
  - 엑소큐티클 : 불균일하게 엔도큐티클과 접합. 단백질 용해 약품에 강함
- 엔도큐티클(Endocuticle) : 최내층
- 상부 : 엑소큐티클과 불균일하게 접합
- 하부 : CMC와 비교적 균일하게 접합

② 모피질(Cortex)

- 모발의 85~90% 차지
- 주성분인 케라틴으로 구성
- 멜라닌 색소 포함
- 모발의 유연성, 탄력성, 강도 등 좌우
  - 피질세포 : CMC

- 매크로피브릴(Macro fibril)
- 마이크로피브릴(Micro fibril) : (9+2) protofilament로 구성
- 프로토피브릴(Proto fibril) : Alpha helix로 구성

③ 모수질(Medulla)

• 모발 중심부에 존재
• 다양한 크기의 공포로 형성
• 모수질이 존재하지 않는 모발도 있음
• 과학적으로 모수질의 역할은 모호
• 공포가 많을수록 펌 웨이브가 쉽고, 공포가 적을수록 펌 웨이브가 어렵다.
• 모발에 따른 유무 : 굵은 모발일수록 많고, 생모, 유아의 경우 없음

(2) 모근부(Hair root)

- 모낭, 모구, 모유두, 입모근
- 색소세포, 피지선, 내외모근초, 모세포

7. 모발의 손상

1) 자연적인 요인

-
-
-
-

이러한 자연환경에 의해 모발의 단백질 변성을 일으킬 수 있으므로 자외선차단제가 포함된 헤어 제품을 발라주는 것이 좋다.

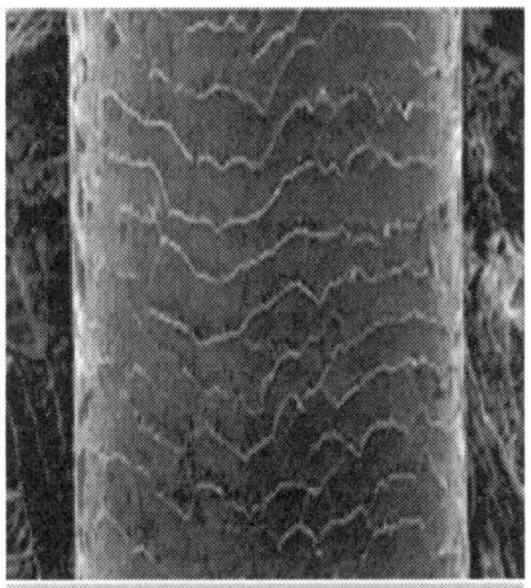

자외선을 쪼이지 않은 모발

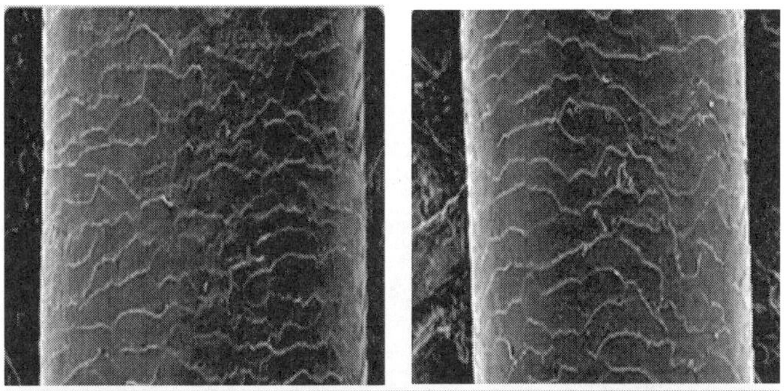

인공 광원을 이용하여 맑은 날 여름 햇빛을 3~4시간 동안 쪼이는 것과 비슷한 양의 자외선을 모발에 1회 조사한 후의 사진으로 자외선에 많이 노출된 면을 따라 세로 방향으로 큐티클이 손상된 것이 보인다. 이 사진은 자외선을 1회 조사한 결과이며 자외선에 지속적으로 노출되면 모발의 손상은 더 심해진다.

■ 환경적 원인에 의한 손상

2) 생리적인 요인

-
-
-
-
-

3) 물리적인 요인

-
-
-
-
-

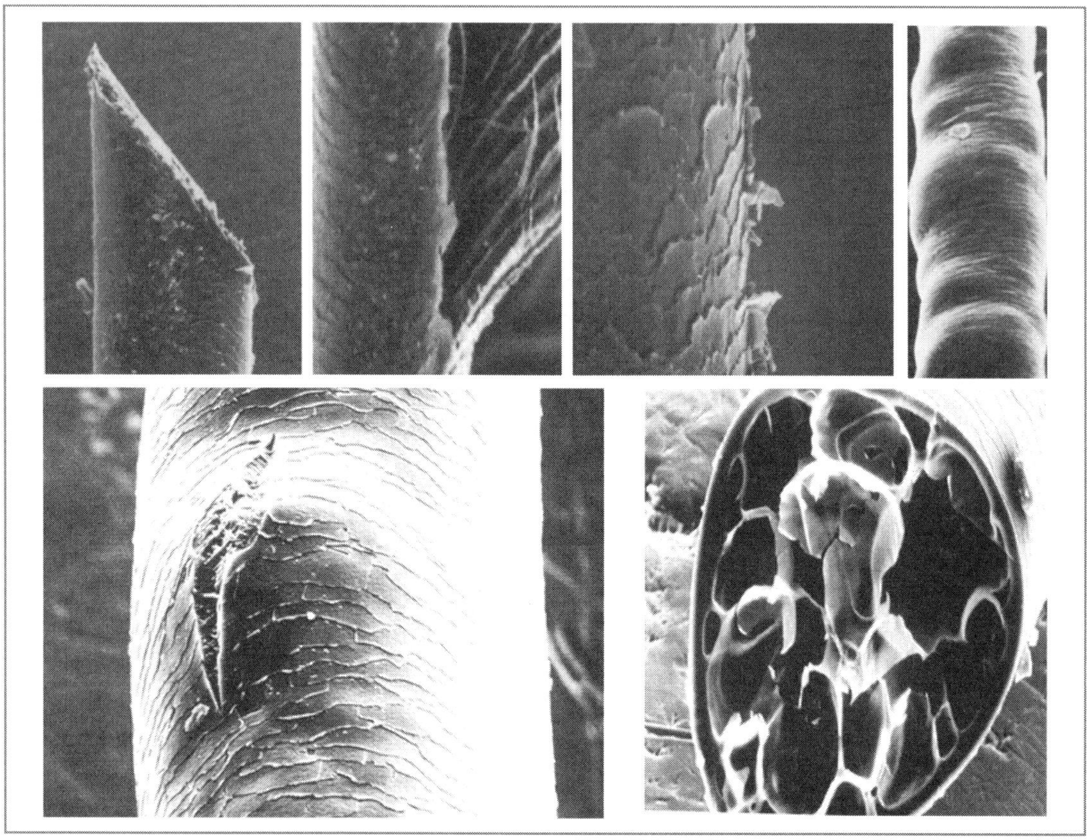

■ 열에 의한 손상

4) 화학적인 요인

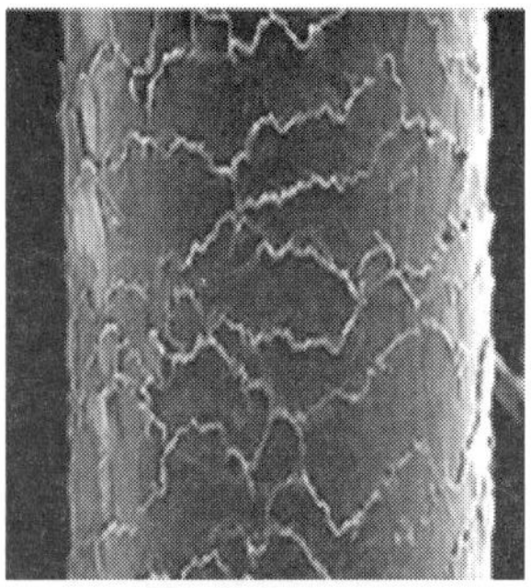

매직 스트레이트 펌 직후의 모발로 큐티클이 부러지고 벗겨져 있다.

■ 펌약에 의한 손상

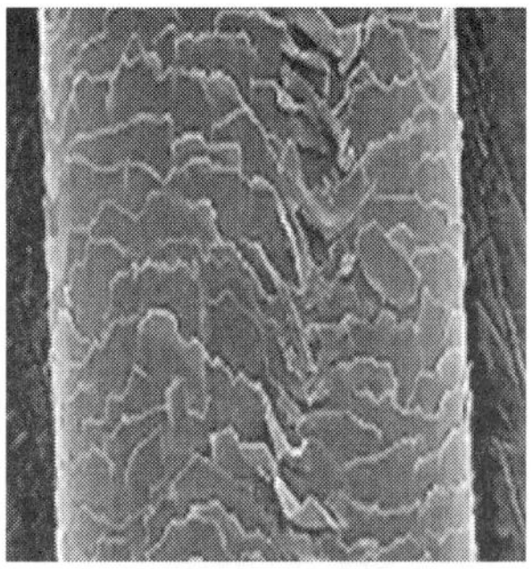

펌 후에 레드 컬러로 염색한 직후의 모발

■ 염색에 의한 모발 손상

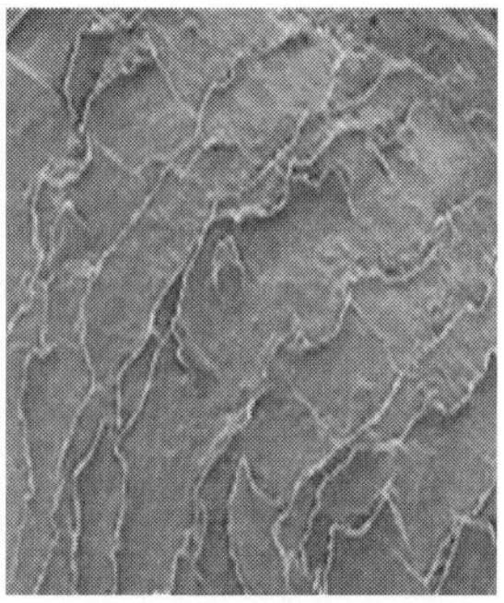

탈색으로 손상된 큐티클을 확대한 사진으로 큐티클이 부풀어 오르고 부러져 있다.

■ 탈색(블리치)에 의한 모발 손상

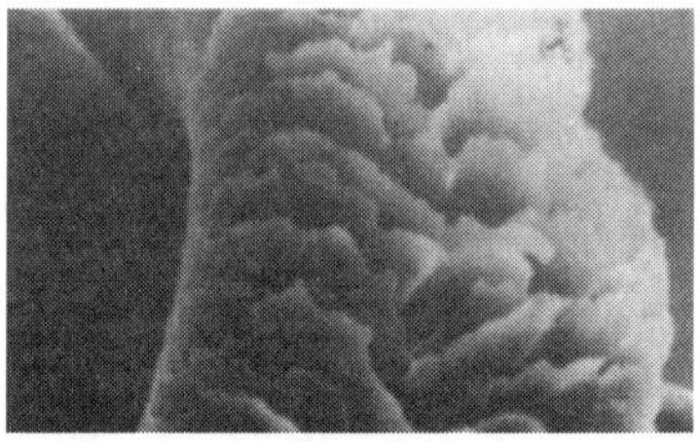

10번 펌된 모발

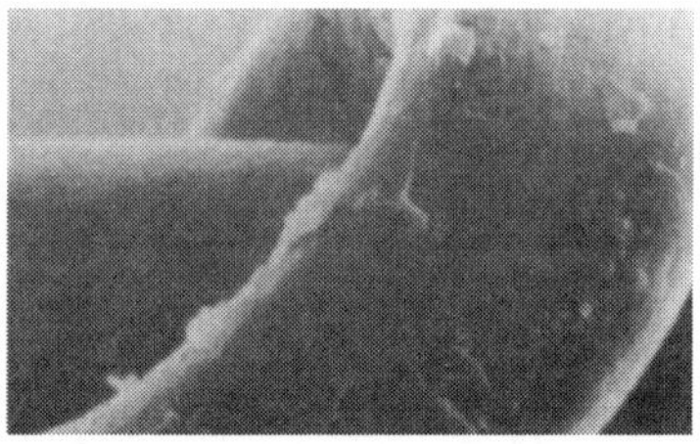

3번 블리치된 모발

Chapter 02 퍼머넌트 웨이브 (Permanent wave)

1. 퍼머넌트 웨이브란?

- 모발에 (   ), (   ) 방법을 가해 원래 모발의 형태를 웨이브의 형태로 장기간 변화시키는 것으로, 흔히 줄여서 (   ), (   ), (   ) 등으로 불린다.

2. 퍼머넌트 웨이브의 역사

- BC 3000년 고대 이집트 :

- 그리스, 로마~19세기 :

- 1905년 찰스네슬러 :

- 1936년 스피크먼 :

- 1941년 맥도너 :

- 1950년대 :

3. 퍼머넌트 웨이브의 종류

(1) Heat Perm

① Machine wave :

② Preheat wave :

③ Machineless wave :

(2) Cold Perm

① 1욕식 :

② 2욕식 :

③ 3욕식 :

4. 환원제, 산화제의 정의

(1) 환원제

-
-

(2) 산화제

-
-

5. 퍼머넌트 웨이브액의 평가

(1) 팽윤성이 높고, 환원력도 강하다 :

(2) 팽윤성은 높으나, 환원력이 약하다 :

(3) 팽윤성은 낮으나, 환원력이 강하다 :

(4) 팽윤성도 낮고, 환원력도 약하다 :

6. 퍼머넌트 웨이브액(1액)의 주요 성분

(1) 환원제

① 티오글리콜산

② 시스테인

(2) 알칼리제

① 암모니아

② 모노에탄올 아민

(3) 금속이온봉쇄제

- EDTA염

7. 1액을 도포한 후 캡을 씌우는 이유

(1) 암모니아의 휘발성을 방지하고, pH를 일정하게 유지시킨다.

(2) 공기와의 접촉을 차단하여 1액의 공기 산화를 방지한다.

(3) 체온의 분산을 방지하여 반응 온도가 상승하도록 돕는다.

8. 퍼머넌트 웨이브액(2액)의 주요 성분

(1) 브롬산염

① 브롬산나트륨 :

② 브롬산칼륨 :

(2) 과산화수소 :

9. 펌 열 처리

(1) 제1액의 반응은 흡열 반응

(2) 제2액의 반응은 발열 반응

10. 테스트 컬

(1) 제1액의 반응이 충분한가 알아보는 작업(연화 정도를 관찰)

(2) 제1액을 도포하고 10분 전후에 테스트 컬을 실시하여 충분히 연화되지 않은 경우

11. 중간 린스의 필요성

(1) 브롬산염의 산화작용은 pH가 낮은 쪽에서 강하게 작용한다.

(2) pH가 높은 1액을 물로 씻어 제거하는 것이 바람직하다.

(3) 중간 린스를 하면 웨이브의 형성능이 증가된다.

12. 시술 시 주의 사항

(1) 펌 후 48시간 내에 샴푸하지 않는다.

(2) 염색 후 펌은 최소 2주일 후에 한다.

(3) 펌 후 염색은 1주일 후에 한다.

(4) 펌 직후 목욕, 사우나를 하지 않는다.

(5) 저녁에 시술했을 때는 모발을 완전히 건조시킨 후 취침한다.

(6) 뜨거운 물로 샴푸하면 쉽게 풀린다.

13. 펌의 이해를 위한 기초화학

1) 기초화학

① 티오글리콜산 : $HS.\ CH_2.COOH$ [$HS\text{-}CH_2.COOH$ + H]

② 티오글리콜산의 pH : 2 전후[표피각질박리현상 / 염증 유발]

③ 티오글리콜산의 중화[중화염] : 알칼리[암모니아]로 중화해서 pH. 6.5~6.8

$HS.CH_2.COOH + NH_4O \rightarrow HS.CH_2COONH_4 + H_2O$

④ 펌1제 : 티오글리콜산암모늄[pH 6.5~6.8] + 알칼리 + 물 = 콜드1액[pH7 이상]

S - + $HS.CH_2.COOH$ -SH HS- $S.CH_2.COOH$

+ $HS.CH_2.COOH$ $S.CH_2.COOH$

[티오글리콜산2분자] [티오글리콜산]

⑤ 콜드2욕식 : 티오글리콜산 2~7%, 유리 알칼리 0.1[1ml], 규정 염산 소비량 7ml 이하, pH 4.5~9.6으로 규정

2) 케라틴 구조

(1) 폴리펩티드 결합

(2) 시스틴 결합

(3) 염결합

(4) 수소 결합

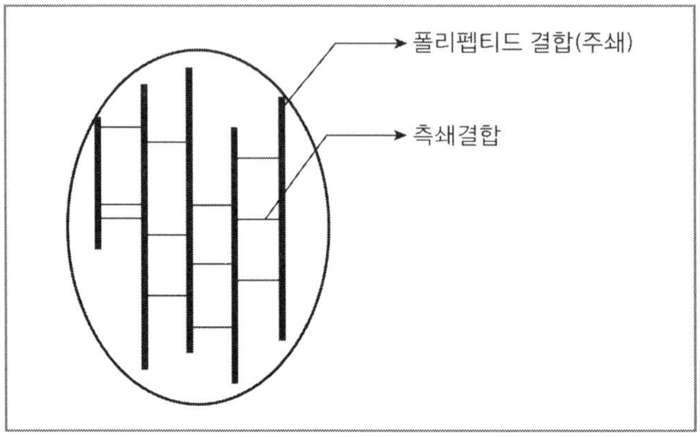

■ 케라틴의 구조

3) 펌제의 분류

-
-
-
-

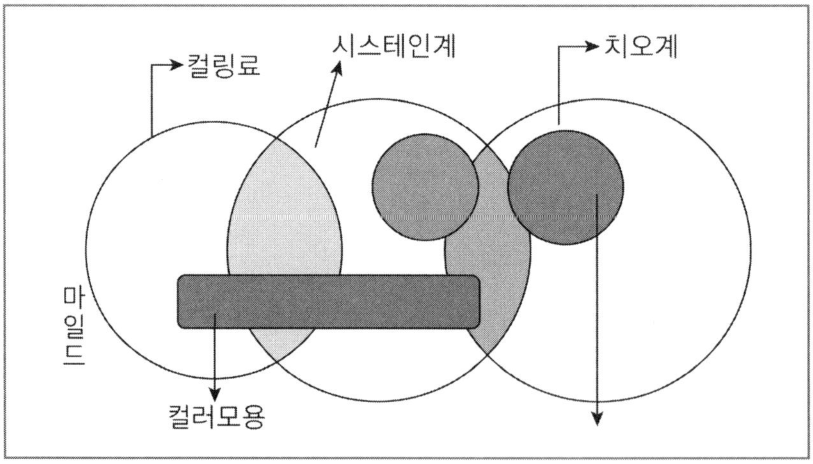

■ 웨이브 형성력

14. 퍼머넌트 디자인

1) 형태와 인상(Shape & Impression)

(1)

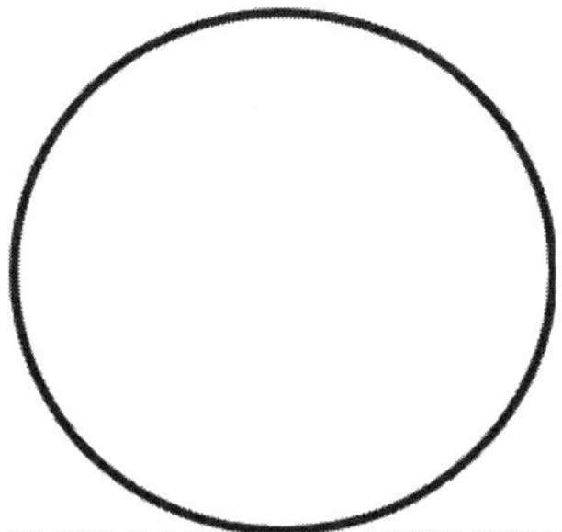

(A)

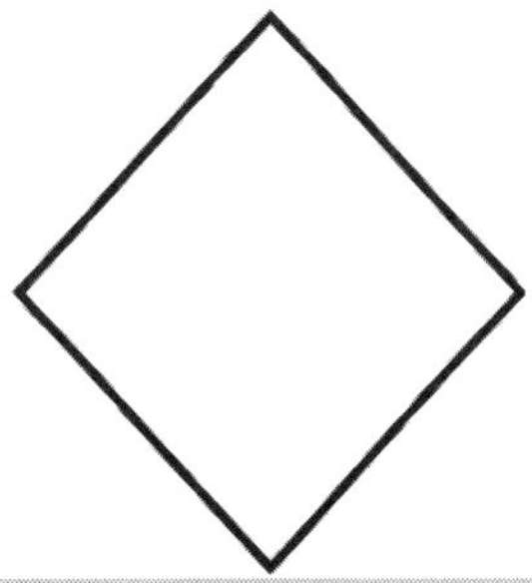

(B)

(2)

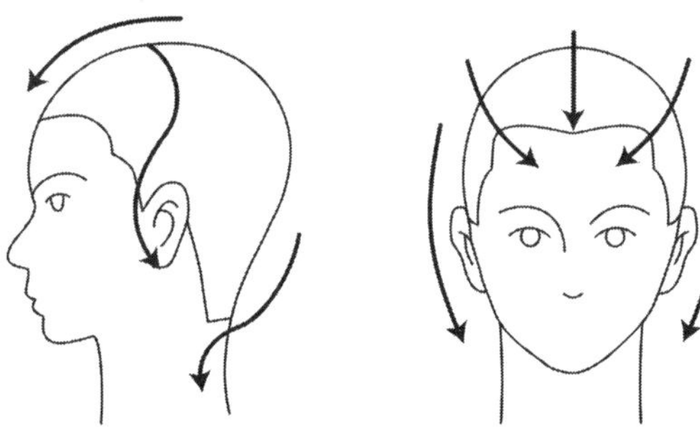

(A)

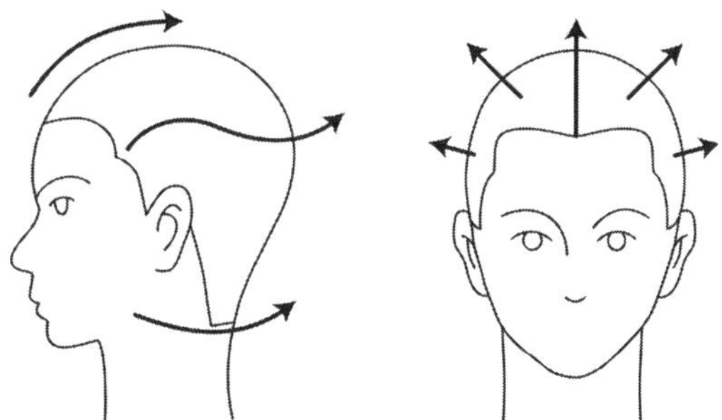

(B)

(3)

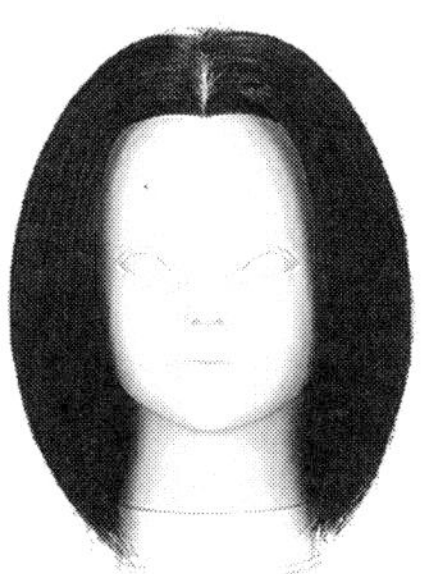

(A)

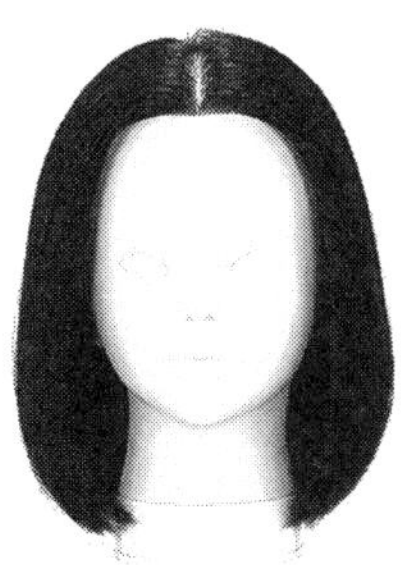

(B)

2) 퍼머넌트의 역할

(1) Texture (　　)

-
-
-
-

(2) Form (　　)

-
-
-
-

(3) Movement (　　)

-
-
-
-

3) 퍼머넌트와 커트의 관계

(A)

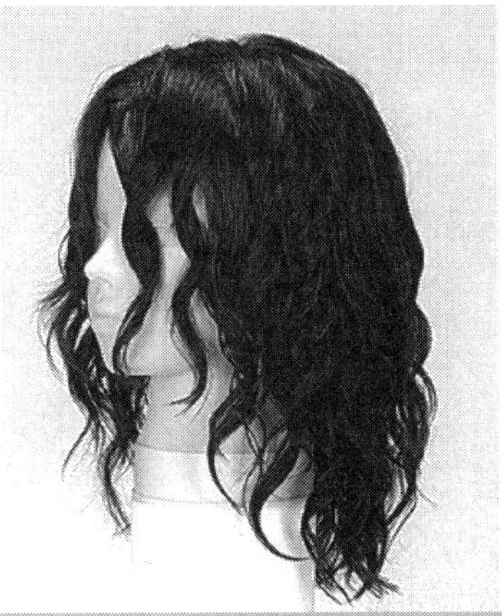

(B)

Base

A

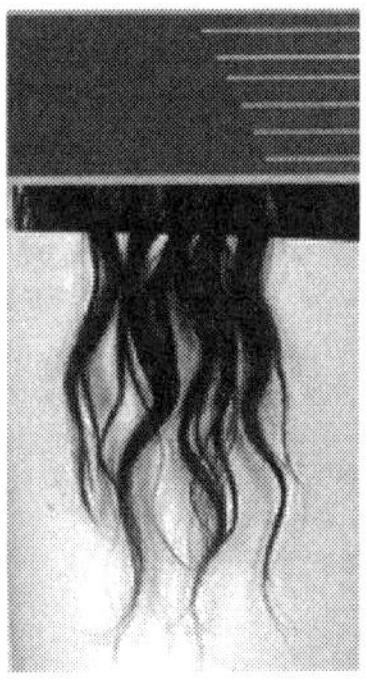

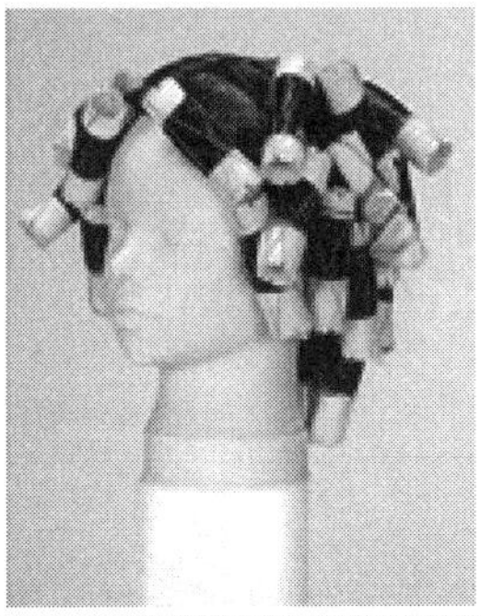

Winding

B

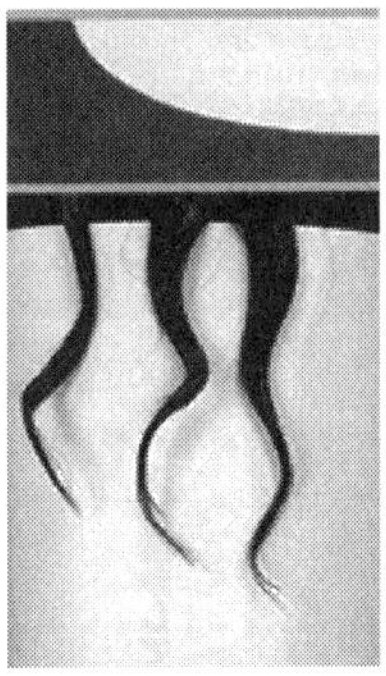

15. 펌의 효과

(1) 스타일

before

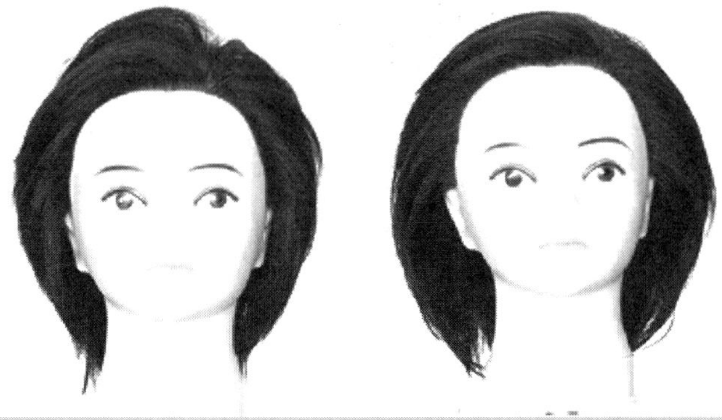

After

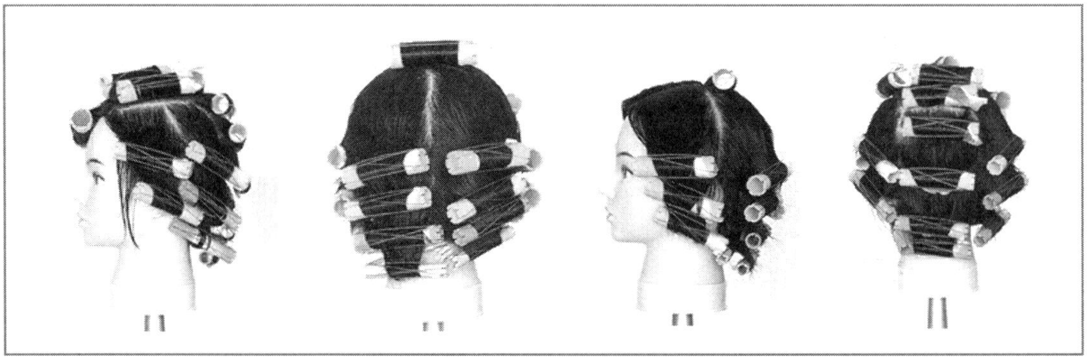

(2) 스타일

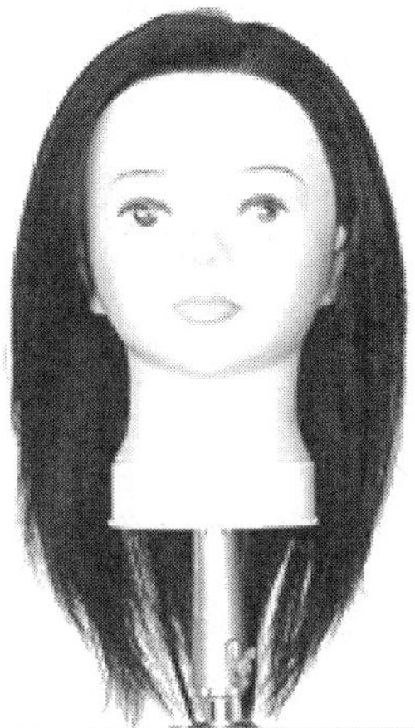

before

After

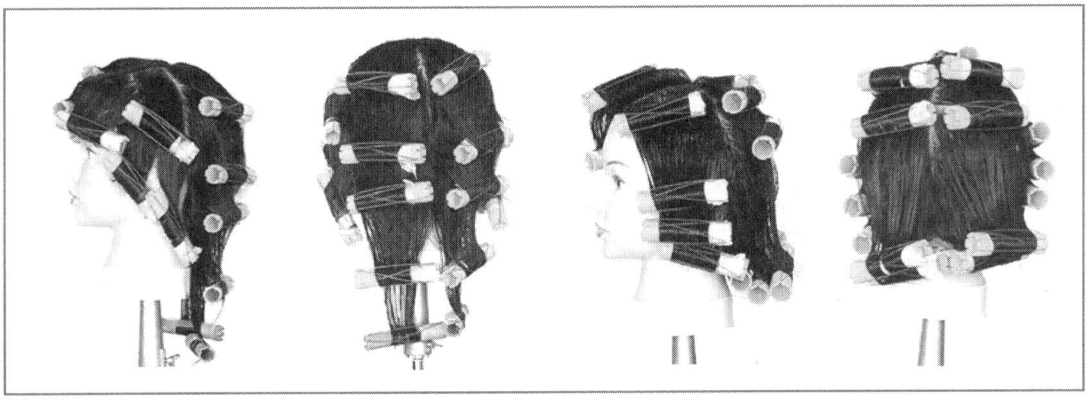

(3) 와인딩 방향

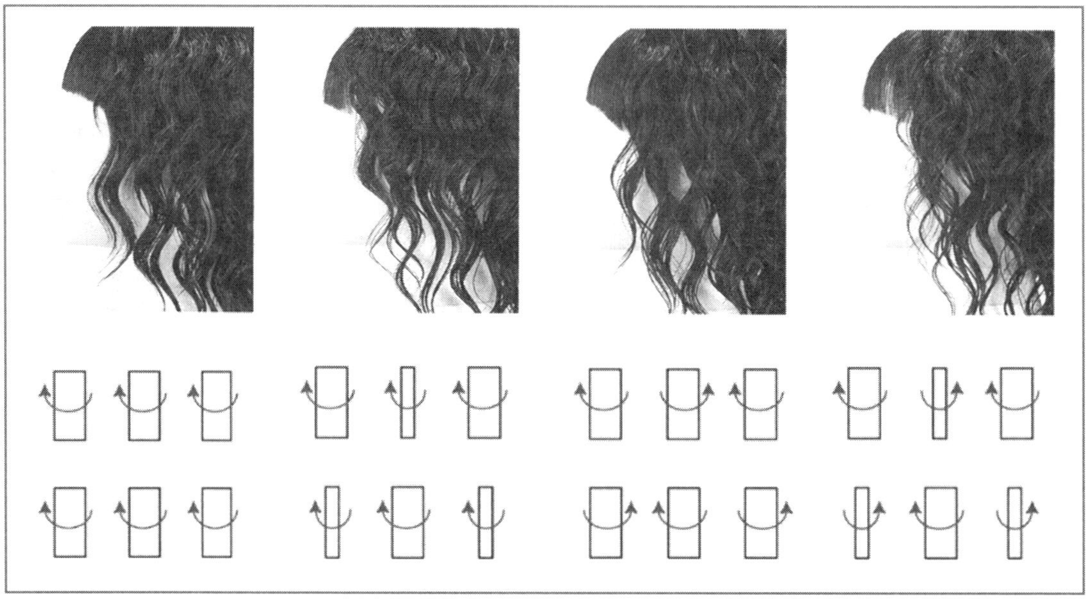

16. 일반펌 기본 와인딩

(1) 와인딩 종료 후 1제를 도포한다.

(2) 1제 타임 종료 직전에 테스트 컬(모발 상태 체크)

주 의 사 항 **테스크 컬은 네 군데에서 확인**

- 모발 부위에 따라서 굵기나 편향성 유무 등 상태가 다르다.
- 탑이나 크라운은 자외선을 많이 받으며 모발 끝은 펌이나 컬러 시술 등으로 손상이 큰 편이다. 또, 사이드를 손가락으로 쓸어 올리는 습관이 있는 사람은 그 부분의 큐티클이 손상되어 있거나 경우에 따라서는 좌우 모질이 다른 경우도 있다. 당연히, 모질의 차이는 펌 웨이브 정도에 영향을 준다.
- 전체 모발 상태를 보기 위해서는 반드시 탑, 사이드, 네이프, 크라운의 네 군데에서 테스트 컬을 해야 한다.

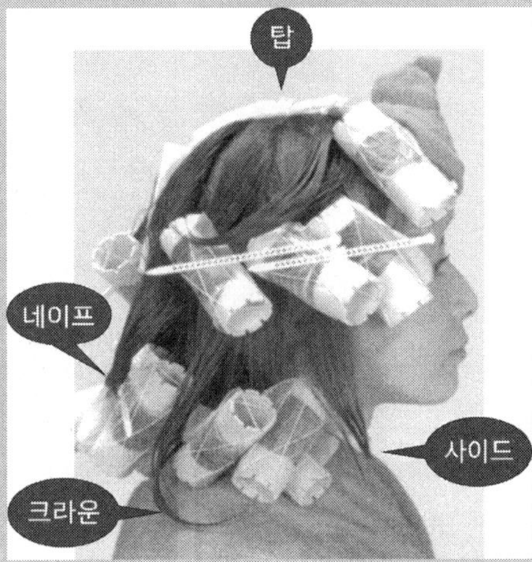

(3) 모발 끝부터 뿌리까지, 연화 상태를 체크한다.

① 테스트 컬의 체크는 반드시 모발 끝부터 한다.

② 손상은 모발 끝부터 강하기 때문에, 연화(펌의 산화 반응)도 모발 끝부터 진행되기 때문이다.

③ 각각의 네 개의 모발에 대해 모발 끝부터 뿌리를 향해, 손가락으로 부드러움을 확인한다. 1제 도포 전의 부드러움과 도포 후의 부드러움의 차이를 확인한다.

④ 부드러움의 판단에는 어느 정도의 경험이 필요하다. 펌 시술을 반복하며 테스트 컬의 부드러움과 웨이브 정도의 관계를 익힌다. 실제로 세 명 이상에게 펌을 하면 부드러움의 차이를 실감할 수 있을 것이다.

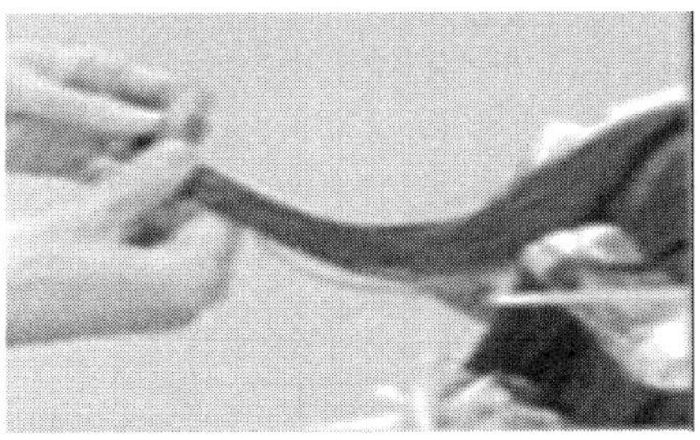

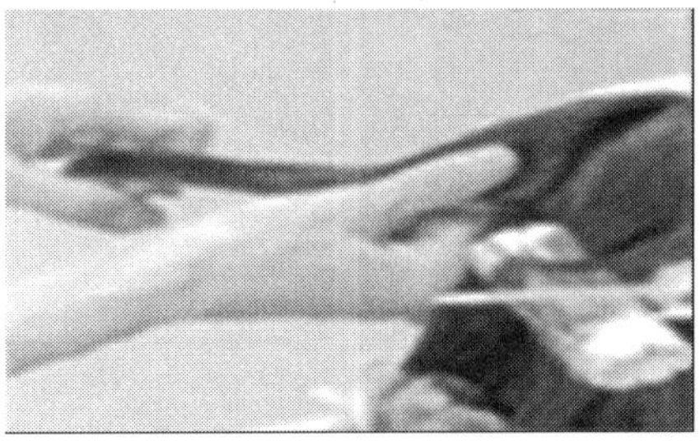

1) 와인딩 방법

(1) 한 번 걸기(원 밴딩)

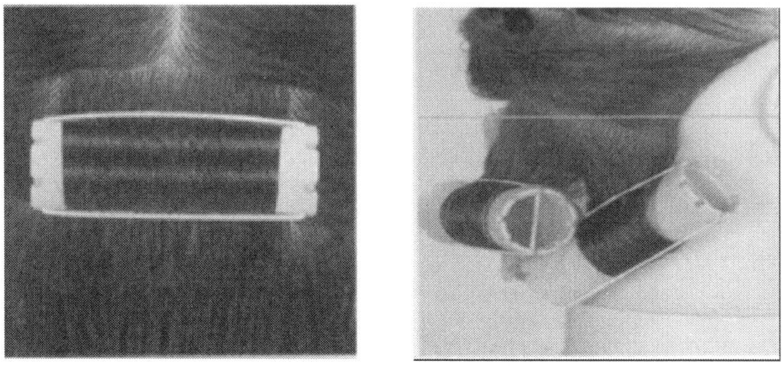

- 고무줄을 = 로 한 번에 거는 방법으로 스피드하고 간단하지만 뿌리가 확실하게 고정되지 않아 불안정한 단점이 있다.

(2) 실뜨기 걸기(투 밴딩)

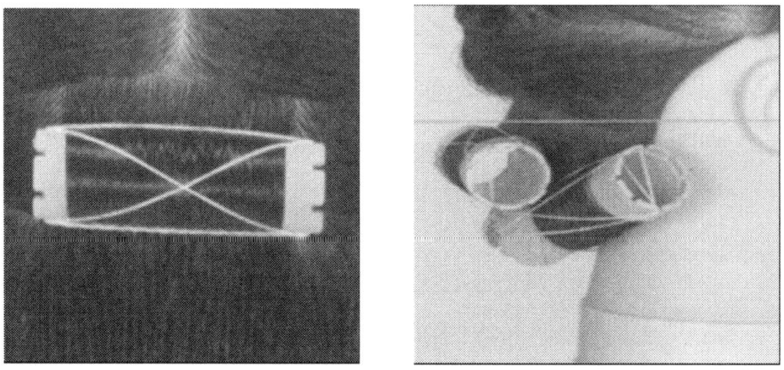

- 롯드를 생각한 위치에 확실하게 고정할 수 있고, 안정감이 있는 밴딩법이다.

(3) 기본 와인딩

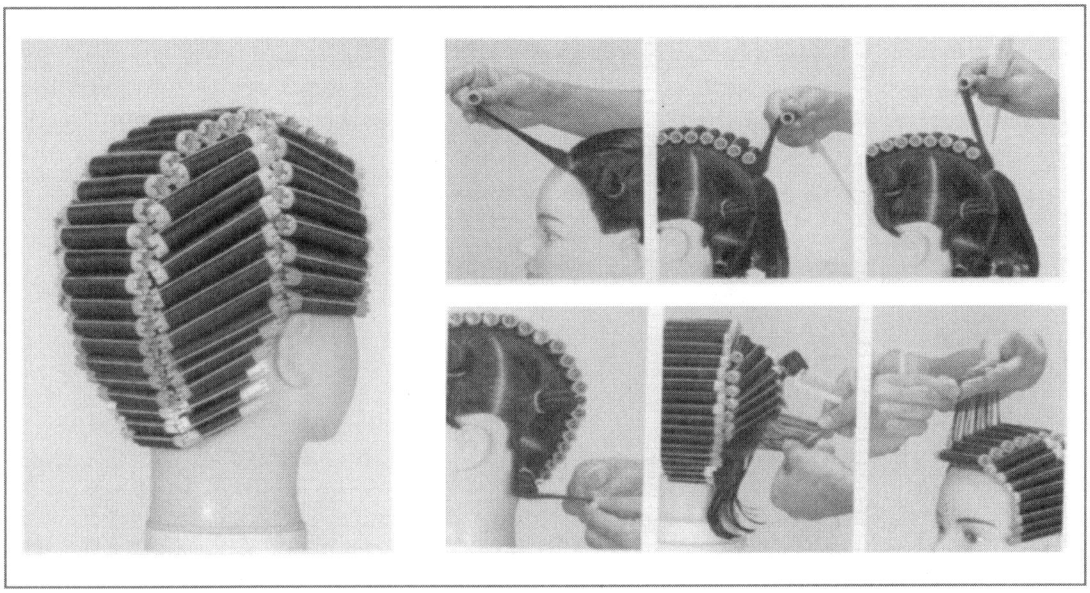

① 기본 와인딩 블로킹

- 탑 부분 : 7cm
- 백 중앙 : 그대로 쭉 내려서 6.5~7cm
- 백 사이드 : 이어 백 포인트
- 네이프 : 4cm

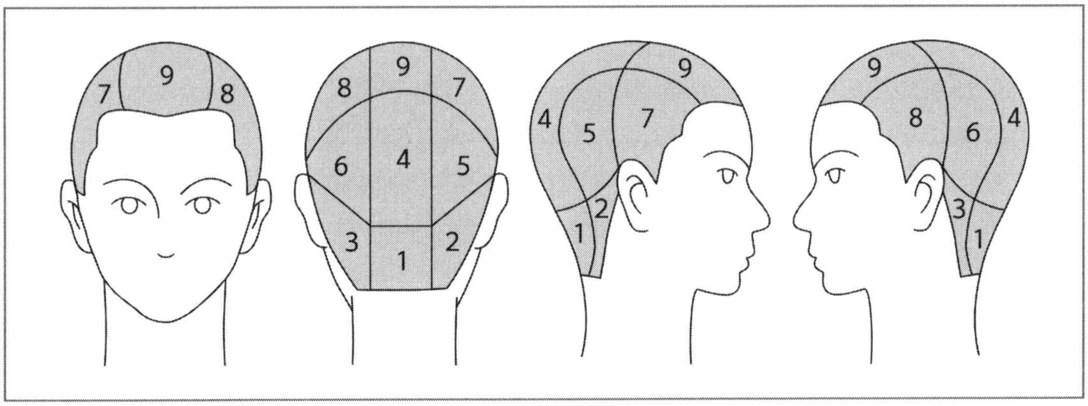

② 기본 와인딩(총 롯드 55개 이상)

- 네이프 : 분홍색 2개, 초록색 2개
- 네이프 사이드 좌우 : 분홍색 4개, 초록색 4개
- 백 중앙 : 파란색 8개, 노란색 3개, 빨간색 2개, 빨간색 2개
- 백 사이드 : 파란색 2개, 노란색 3개, 빨간색 2개
- 탑 사이드 : 파란색 2개, 노란색 3개, 빨간색 2개

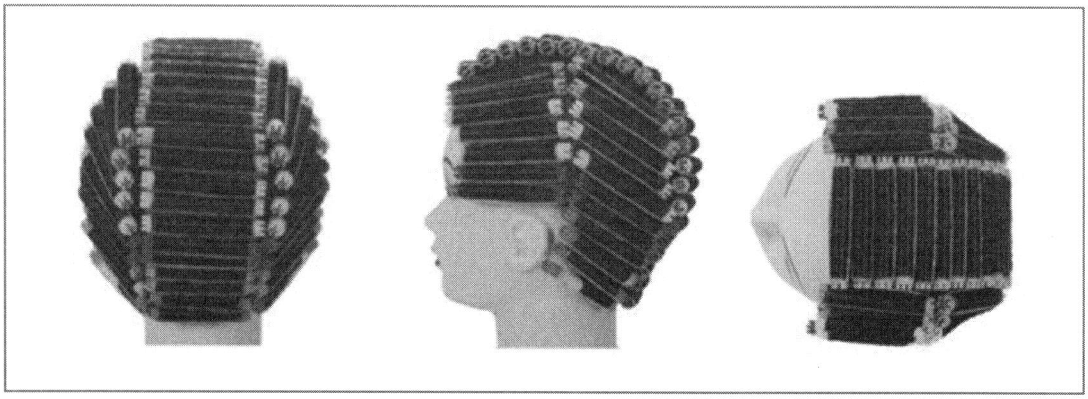

(4) 혼합형 와인딩

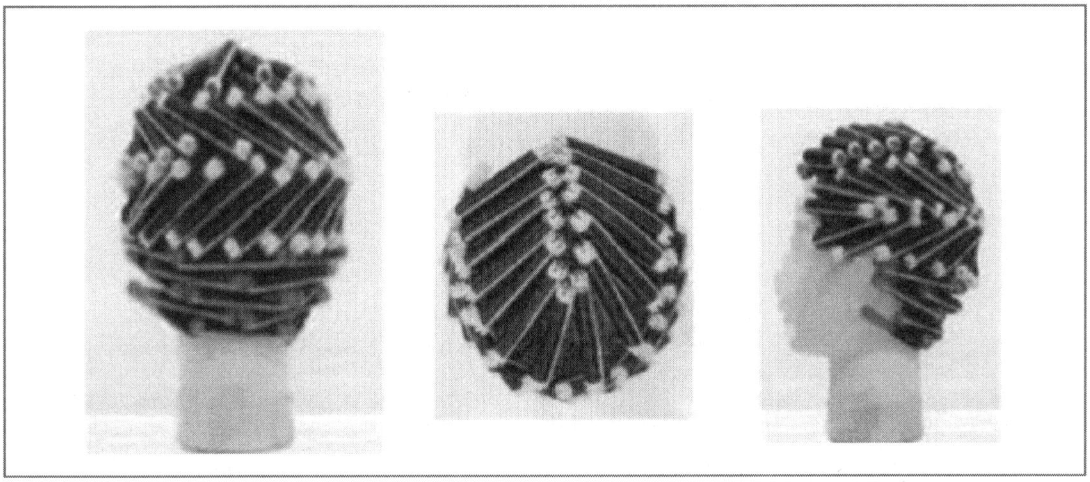

① 혼합형 와인딩 블로킹

- 탑 부분 : 14~15cm
- 2번째, 3번째 단 : 4.5cm
- 네이프 : 7.5cm

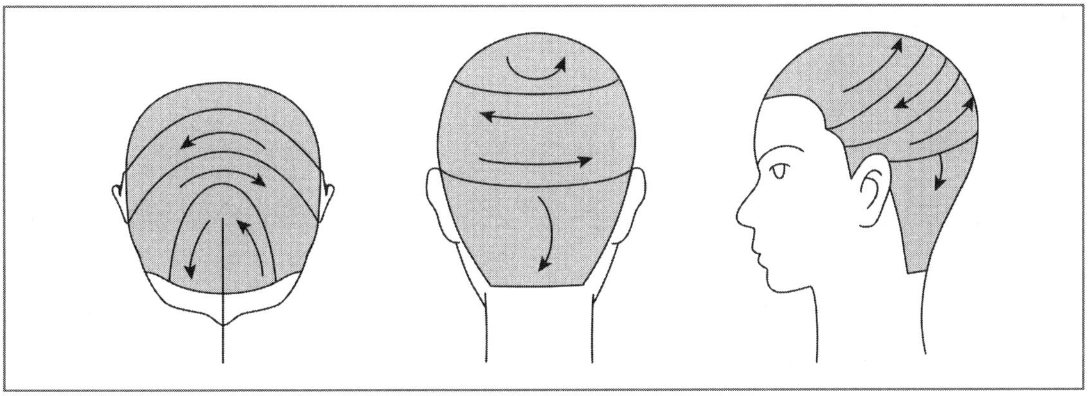

② 혼합형 와인딩(총 롯드 57개 이상)

- 첫 번째 단 : 파란색 롯드 14개(좌우 7개)
- 두 번째 단 : 첫 번째 단 끝난 방향부터 노란색 롯드 15개
- 세 번째 단 : 두 번째 단 끝난 방향부터 노란색 롯드 15개
- 네 번째 단(벽돌 쌓기) : 빨간색 롯드 13개(3, 2, 3, 2, 3)

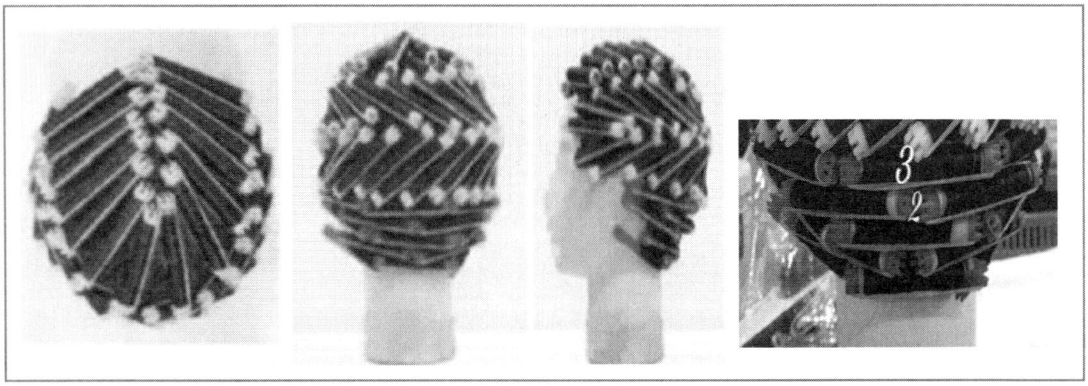

17. 열펌 이론과 테크닉

1) 열펌이란

보발에 수분과 열을 이용한 일시적인 펌(셋트, 느라이)은 고대시대부터 보발에 신흙을 발라 막대(틀)에 감아(컬) 태양에 말려 형태(웨이브)를 만든 스타일들이 전해 내려왔다. 시골에서의 아카시아 줄기를 이용한 웨이브, 땋은 머리를 풀고 난 후의 웨이브, 잠자고 난 후의 까치머리 등등은 모두가 수소결합 때문이다.

열펌은 인위적으로 젖은 모발에 열을 가해 신속히 건조시켜 변형된 상태의 웨이브를 지속적으로 유지하기 위한 것이다.

2) 열펌의 종류

① 셋팅펌

② 매직스트레이트펌

③ 아이롱펌

④ 디지털펌

3) 열펌의 원리

모발에 1차로 펌제의 연화 과정을 거치고 2차로 기계적 연화를, 3차적으로 물리적인 연화 과정을 차례대로 거치면서 조직이 건조해져 모발이 단단히 굳어가는 과정이다.

4) 열펌과 1제(약액에 의한 화학작용)

① 열펌의 1액은 치오글리콜산을 주성분으로 암모니아를 첨가제로 한 pH 9.0~pH 9.6의 약알칼리의 콜드 2욕식이 많이 사용되고 있다. 모발의 손상도에 따라 다르지만 건강모일 경우 화학 반응 시간은 15~20분이면 충분히 연화가 된 상태로 시술에 들어갈 수 있다.

② 열펌에서 1액의 성분으로 치오글리콜산이 적당한 이유는 모발은 모공 밖으로는 시스틴 결합으로 약산성을 띠며 약산성일 때의 모발은 딱딱하며 부드럽기 때문이다. 그래서 약산성일 때 와인딩을 하는 것은 적당하지 않다. 때문에 약알칼리로 환원을 시켜 놓은 것이다. 그래야 부드럽고 유연한 시스테인 상태의 약알칼리로 연화를 시키는데 이때 적당한 펌제의 1액으로는 암모니아를 첨가제로 한 치오글리콜산을 주성분으로 한 펌제가 많이 사용되고 있다.

③ 열 펌을 하고자 할 때 펌 1액은 아주 중요한 역할을 한다.

④ 1액의 사용량, 1액의 반응하는 시간, 1액의 반응하는 온도, 여기에 모발의 굵기, 모발의 양, 롯드의 종류(굵기) 등도 영향을 끼친다. 1액은 충분하게 그러나 흐르지 않을 정도(35% 정도)로 사용한다. 1액의 시간은 건강모 기준으로 15~20분, 1액이 반응하기 좋은 온도는 30℃ 정도다.

5) 열펌과 펌 1액의 온도

① 우리가 주로 쓰는 펌제로는 가온 2욕식과 콜드 2욕식이 있다. 가온 2욕식은 40~60℃에서 화학 반응을 안정되게 하고 콜드 2욕식은 상온 1~35℃에서 화학 반응을 안정되게 한다.

② 열펌(Iron perm, Setting perm, Flat iron perm, Digital perm)을 할 때 콜드 2욕식을 쓰는 것은 특히 열펌을 할 때에 모발의 손상을 최소로 줄이기 위함이다. 펌을 할 때는 모발의 ph를 약알칼리로 환원시켜야 하며 1제(액)가 화학 반응을 제대로 하기 위해 알칼리 샴푸제를 사용하고 1액도 ph 9.0~9.6인 치오글리콜산을 쓰는 것이 적당하다.

③ 산성펌(ph6~6.8)이나 가온식을 쓰는 경우는 모발에 손상을 줄 수 있어 적당하지 않다. 콜드식을 가지고도 가온을 하는 경우가 (특히 건강모) 있는데 좋은 방법은 아니다.

④ 모피질의 주요 구성요소인 케라틴은 손톱, 발톱과 같이 경단백질로 되어 있고 모발의 케라틴은 높은 열(40℃ 이상)을 받으면 단백질이 변성을 일으키는데, 심한 경우에는 단백질이 단단해지고 부드럽고 탄력 있는 상태에서 와글와글한 상태가 된다.

⑤ 모발의 상태에 따라 시술 과정이 다를 수 있지만 강모라 할지라도 가온 대신 비닐 캡이나 자연 방치 상태로 두는 것이 좋다.

⑥ 참고로 콜드식이 화학 반응을 제시간에 반응하기 위해서는 30℃ 정도의 온도가 적당한데 실내 온도를 30℃에 맞추기는 어렵기 때문에 체온을 이용하기 위해 비닐 캡을 사용한다.

6) 열펌과 일반펌의 차이

① 펌은 모피질의 측쇄 결합의 변형이라고 할 수 있다. 1액의 작용에 의해 시스틴 결합과 염 결합을 끊고 탄력을 줄인다. 1액의 주성분을 환원제라 하고, 수소를 더해줌에 따라 시스틴 결합을 시스테인 결합으로 바꾼다. 또 1액에 포함된 알칼리제는 염 결합의 균형을 끊고 파괴한다.

② 물론 액체(물)가 작용하여 수소결합도 끊지만 열펌에서는 1액에 의해 환원을 시킨 후 1액을 세척하고 수소 결합과 열을 이용하여 컬을 만드는 것이다.

18. 열펌(테크닉편)

1) 디지털펌

● 자연스러운 웨이브로 여성스럽고 발랄한 느낌이 나는 스타일

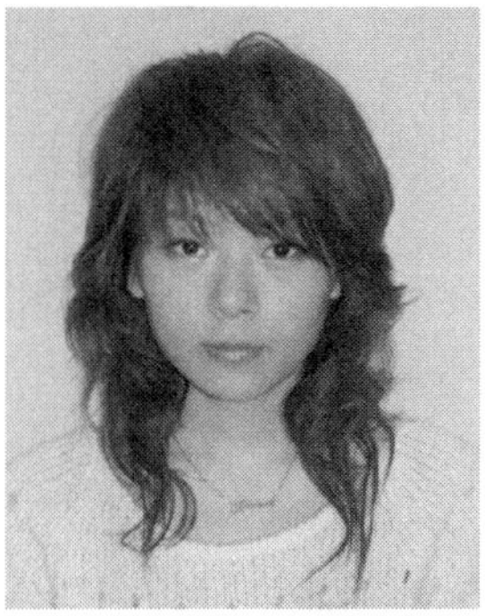
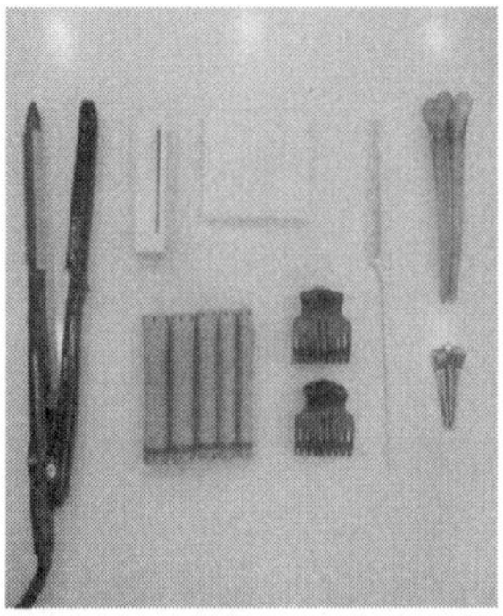

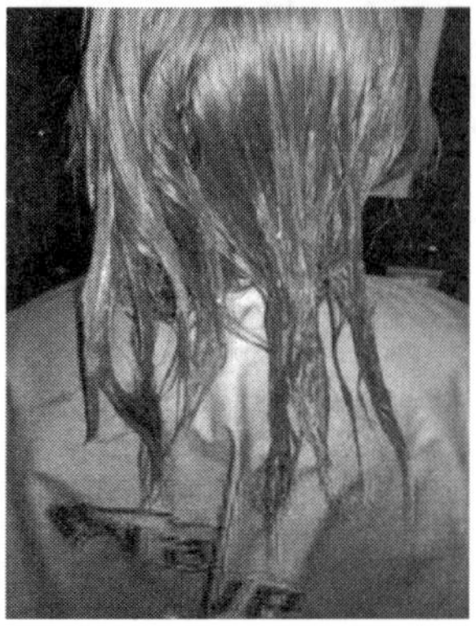
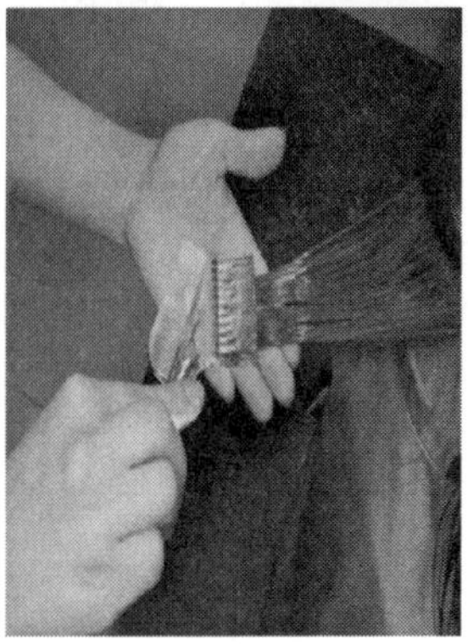

① 모발 상태에 따라 1제를 도포한다.
② 수분이 없는 모발은 큐티클이 닫혀 약액의 흡수를 방해하므로 수분이 있는 상태에서 약액을 도포한다.
③ 자연 방치 시간 : 극 손상모는 8~12분, 손상모는 12~15분, 건강모는 15~20분
④ 열펌에서 열 처리를 많이 하면 단백질 변성이 일어나므로 강모일 때만 열 처리를 한다.
⑤ 연화시킨 모발을 깨끗이 헹군다.(모발에 남아 있는 약액을 없애고 트리트먼트 효과를 극대화 시키기 위해)
⑥ 모발 내의 수분을 20~30% 정도 남기고 말린다.
⑦ 와인딩 - 롯드 크기만큼 슬라이스를 뜬다. 특수 제작된 부직포를 끼워 두피 쪽으로 내려준다.

⑧ 모발에 파지를 대고 세라믹 롯드로 2~3바퀴 반을 말아준다.

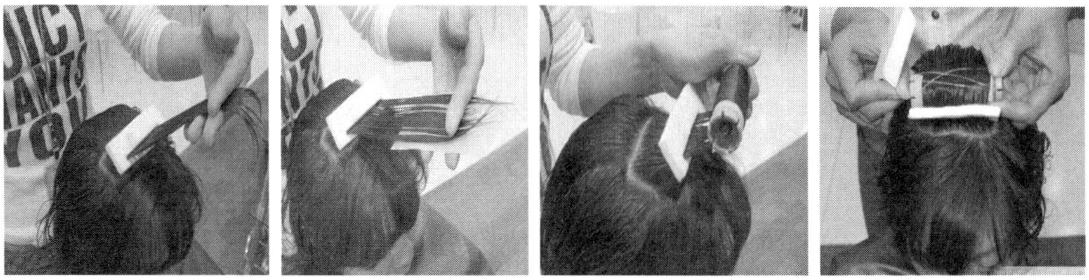

⑨ 롯드 열 처리 방치 시간(와인딩이 끝난 후 디지털펌 기기에 선을 연결하여 열 처리한다.)
: 극 손상모는 80℃ 8분, 손상모는 90℃ 12분, 건강모는 100℃ 15분, 강모는 110℃ 20분

⑩ 뜸을 들이기 위해 냉풍 버튼을 누르고 5분 정도 방치한다.
⑪ 2제 중화제를 도포한다. 컬을 돌돌 말아 핀컬핀을 꽂거나 롯드에 말아 중화한다.
⑫ 2차에 걸쳐 10분 방치한다.
⑬ 린스를 도포하여 깨끗이 헹군다.(중화액이 남아 있으면 퇴색의 우려가 있으므로 주의한다.)
⑭ 마무리 제품을 도포하여 냉풍에서 모발을 건조시킨다.(뜨거운 열은 모발을 부스스하게 만든다.)

포 인 트

- 셋팅펌보다 길이가 짧은 미디움 길이에 적합하며 뿌리 볼륨을 살릴 수 있다.
- 컬이 셋팅보다 자연스러우며 열 전도율이 낮아 모발 손상을 최대한 막을 수 있다.

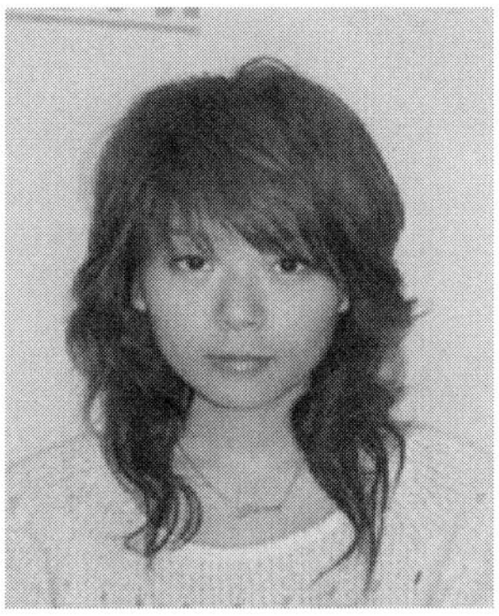
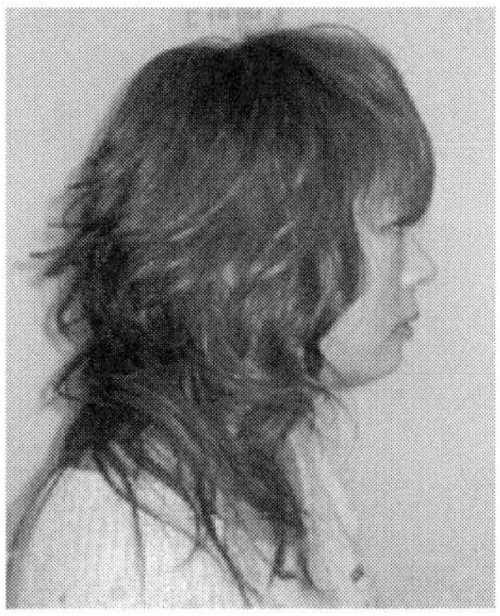
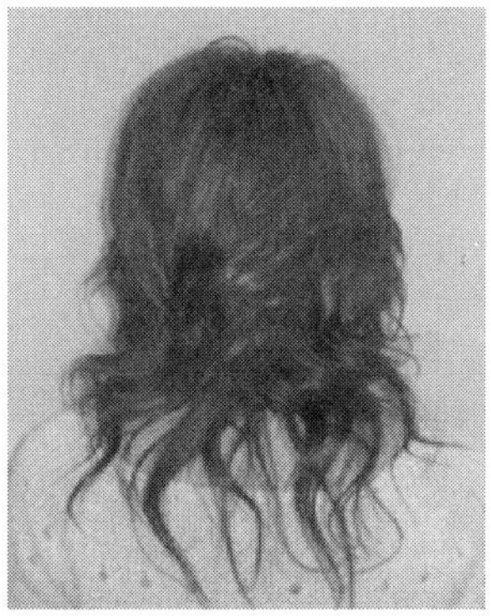

2) 셋팅펌

- 여성스럽고 부드러운 느낌의 스타일로 웨이브의 풍성함이 세련되고 지적인 이미지를 연출

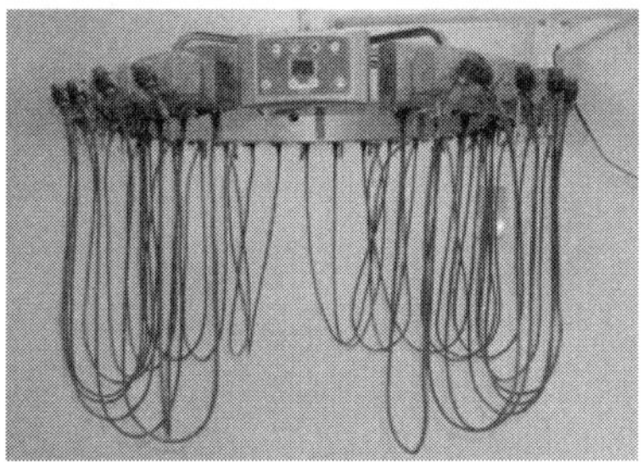
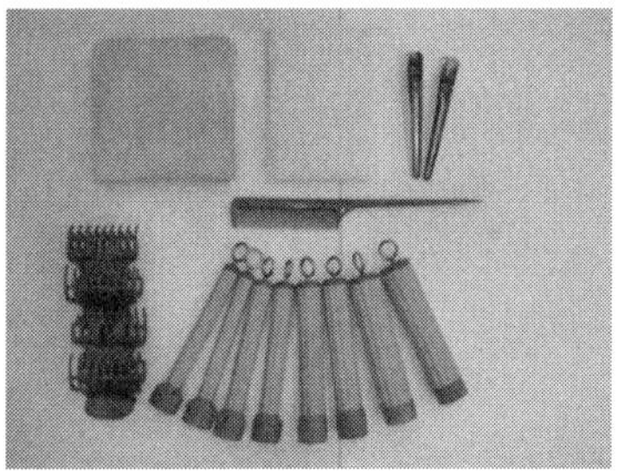

① 모발 상태에 따라 1제를 도포한다.

② 수분이 없는 모발은 큐티클이 닫혀 약액의 흡수를 방해하므로 수분이 있는 상태에서 약액을 도포한다.

③ 자연 방치 시간 : 극 손상모는 8~12분, 손상모는 12~15분, 건강모는 15~20분

④ 열펌에서 열 처리를 많이 하면 단백질 변성이 일어나므로 강모일 때만 열 처리를 한다.

⑤ 모발 내의 수분을 20~30% 정도 남기고 말린다.

⑥ 와인딩 - 롯드 크기만큼 슬라이스를 뜬다. 특수 제작된 부직포를 끼워 두피 쪽으로 내려준다. 모발에 파지를 대고 세라믹 롯드로 2~3바퀴 반을 말아준다.

⑦ 롯드 열 처리 방치 시간(와인딩이 끝난 후 디지털 기기에 선을 연결하여 열 처리) : 극 손상모는 80℃ 8분, 손상모는 90℃ 12분, 건강모는 100℃ 15분, 강모는 110℃ 20분

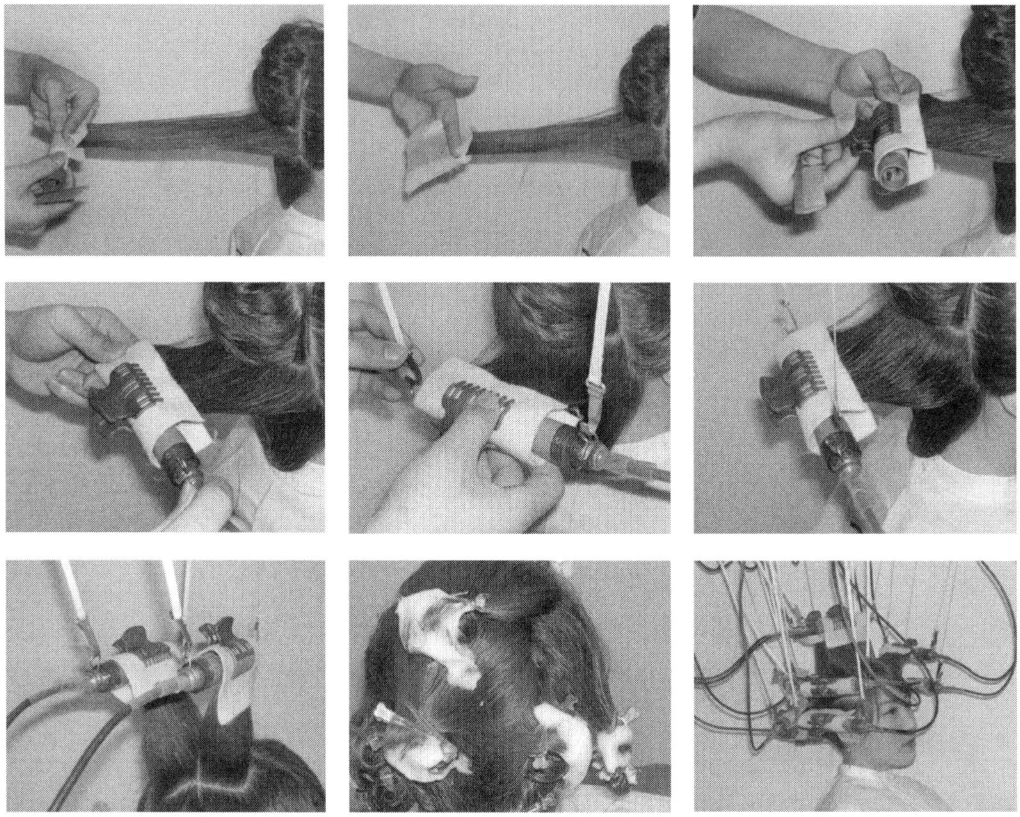

⑧ 뜸을 들이기 위해 냉풍 버튼을 누르고 5분 정도 방치한다.

⑨ 2제 중화제를 도포한다. 컬을 돌돌 말아 핀컬핀을 꽂거나 롯드에 말아 중화한다.

⑩ 2차에 걸쳐 10분 방치한다.

⑪ 린스를 도포하여 깨끗이 헹군다.(중화액이 남아 있으면 퇴색의 우려가 있으므로 주의한다.)

⑫ 마무리 제품을 도포하여 냉풍에서 모발을 건조시킨다.(뜨거운 열은 모발을 부스스하게 만든다.)

포 인 트

- 롱 헤어에 적합하며 웨이브의 형성이 큰 컬을 원할 때, 탄력 있는 컬을 원할 때, 언더라인의 컬을 부각시키고 싶을 때

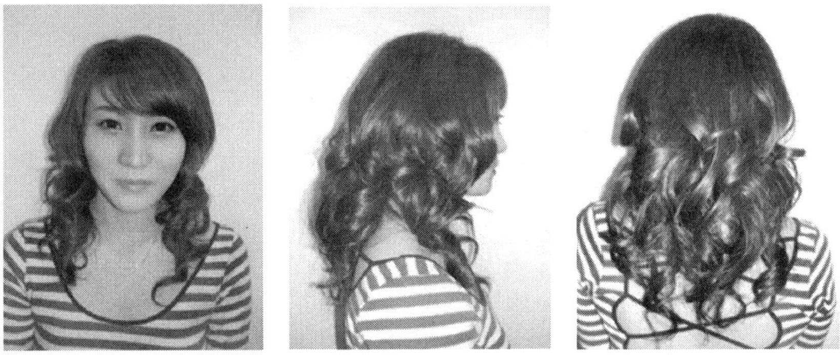

3) 매직스트레이트펌

- 깨끗하고 단정한 스타일로 차분하고 윤기가 나며 매끄러운 느낌이 나는 펌 기법

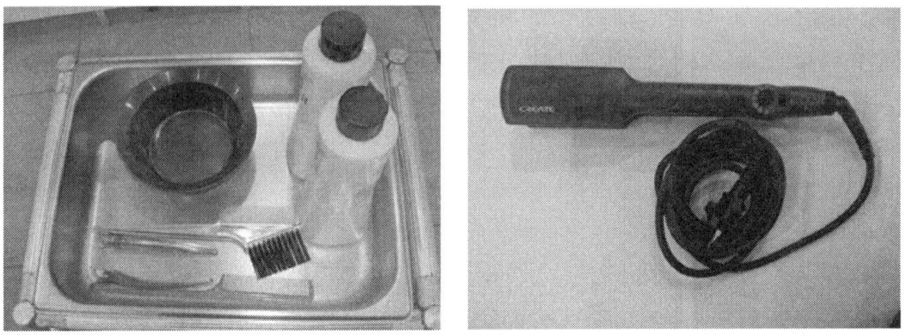

① 모발에 더러움을 없애고 약액의 작용을 촉진시키기 위해 샴푸를 한다.

② 타월 드라이 후 모발 진단을 한다.(손상모와 극 손상모는 전처리 후 시술한다.)

③ 매직스트레이트펌에 필요한 도구를 준비한다.

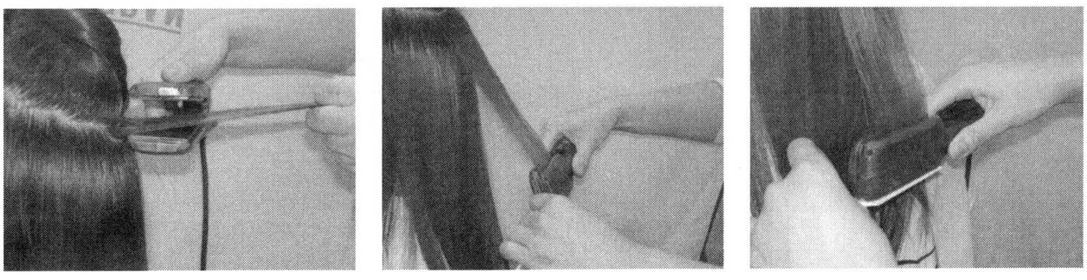

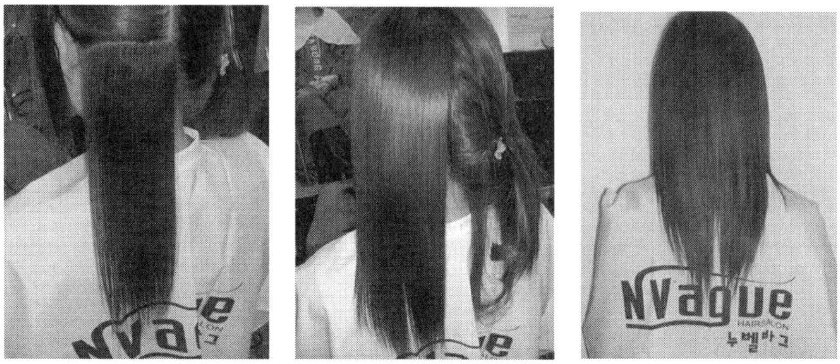

④ 모발 섹션의 넓이는 매직기 크기만큼, 양은 0.5~1 정도 잡고 뿌리는 90°로 세워서 뿌리가 꺾이지 않도록 펴준다.

⑤ 모발 중간부터 꼬리빗을 끼워 매직기와 같이 훑어주며, 끝부분은 뻗치지 않도록 각도를 다운시켜서 펴준다.

⑥ 린스를 도포하여 깨끗이 헹군다.(중화액이 남아 있으면 퇴색의 우려가 있으므로 주의한다.)

⑦ 마무리 제품을 도포하여 냉풍에서 모발을 건조시킨다.(뜨거운 열은 모발을 부스스하게 만든다.)

포 인 트

- 깔끔하고 깨끗한 스타일로 일반 스트레이트보다 차분하면서 윤기 있는 머릿결을 표현할 수 있고, 곱슬머리를 매끄럽고 차분하게 연출한다.

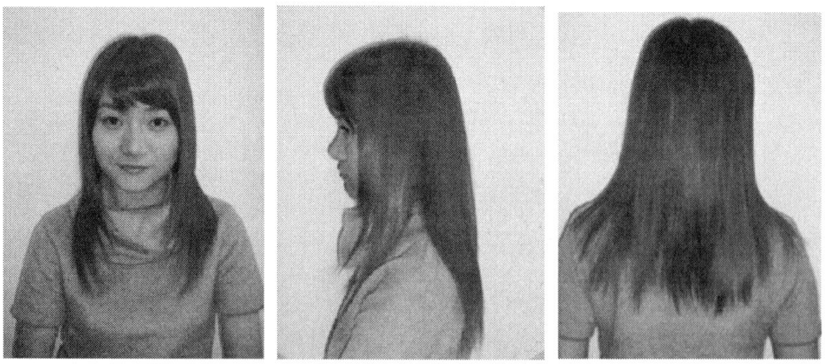

Chapter

03 헤어컬러링

1. 염색의 역사

- BC 3000년경 :

- 중세 :

- 1863년 :

- 1883년 :

2. 염색의 정의

흰머리를 검게 물들이거나 다양한 색상으로 변화시켜 원하는 색상을 나타내게 하는 것으로 hair coloring, hair tint, hair dyeing이라고 부른다.

(1) 멋내기 염색

- 패션성과 미적 아름다움 실현

(2) 새치머리 염색

- 젊게 보이고 싶은 욕망 실현

(3) 부분 염색

- 머리에 포인트를 주어 개성의 미를 실현

3. 탈색, 탈염, 염색의 정의

(1) 탈색

- 원래의 모발 색을 밝게 하는 것으로 멜라닌 색소를 분해시키는 것

(2) 탈염

- 염색된 모발의 색상을 제거하는 것

(3) 염색

- 백발을 검게 물들이거나 다양한 색상으로 변화시키는 것

4. 염색의 과정

- 색깔 선정 → 모발 진단(굵기, 펌의 유무, 염색의 유무, 손상의 유무, 임신의 유무) → 염색

5. 염모제의 종류

(1) 영구염모제

-
-
-

(2) 반영구염모제

-
-
-

(3) 일시 염모제

-
-
-

6. 영구 염모제의 작용 메커니즘

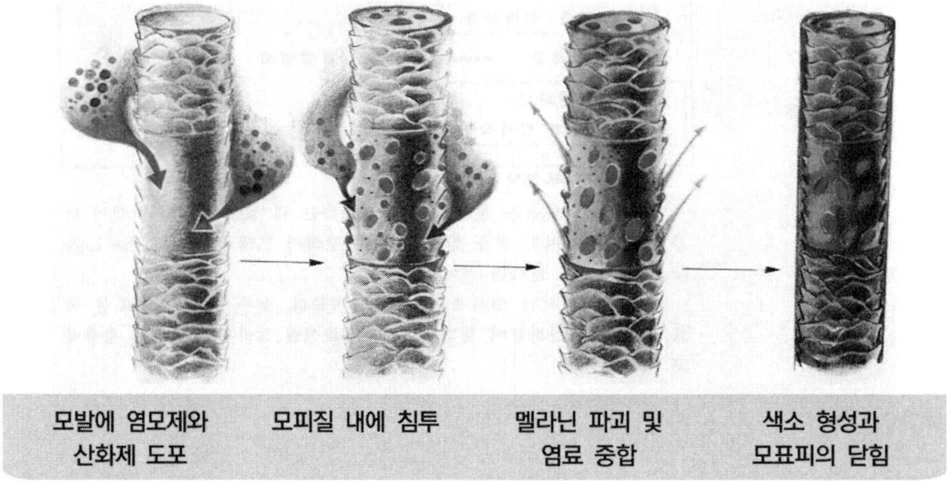

7. 과산화수소수에 의한 메카니즘

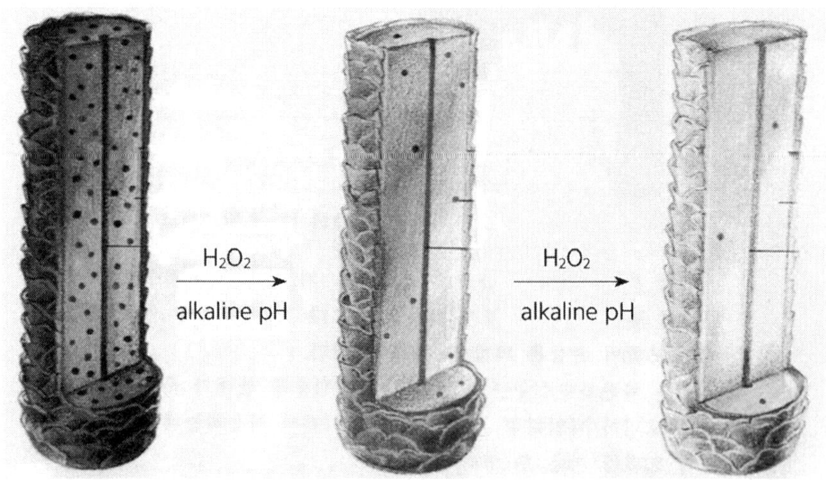

8. 볼륨(volume)이란?

과산화수소 용액이 완전히 분해되었을 때 생성되는 기체의 부피를 기준

- %농도와 vol의 관계
  - 3% H_2O_2 : 10vol
  - 6% H_2O_2 : 20vol
  - 9% H_2O_2 : 30vol

9. 염색 작용에 관계되는 조건

(1) 손상 모발은 버진 헤어에 비해 염착량이 많다.

(2) 도포 후 방치 시간이 길수록 염착량이 많고 모발 깊숙이 염색된다.

(3) 온도가 높을수록 염색이 잘된다.

(4) 산화제가 많으면 색이 연해지고 적으면 짙어진다.

(5) 염색 시간이 길수록 색상이 진해진다.

(6) 도포량이 적으면 깊숙이 염색되지 못해 퇴색이 빠르다.

10. 염색 시 주의 사항

(1) 염색하기 전에 반드시 패치 테스트를 한다.

(2) 두피에 상처나 질환이 있을 시에는 염색을 피한다.

(3) 금속성 빗이나 용기의 사용을 피한다.

(4) 건조한 모발에 염색한다.

(5) 펌과 염색을 시술할 경우는 펌을 먼저 시술한다.

11. 내추럴 레벨

모발의 명도에 대한 기준

① 실제로 동양인의 모발에는 굵은 모발~얇은 모발, 적색・청색・황색이 존재하기 때문에 모질에 따라 복잡하게 언더 컬러가 변화

② 희망하는 색상을 표현하기 위해서는 명도 컨트롤을 한 후에 보이는 각각의 언더 컬러에 어떤 보색을 더해 목적하는 색을 표현하는가가 포인트

③ 뉴트럴한 브라운을 표현하는 것이 가장 어려우며 그곳에는 베이식의 이해가 가장 중요함. 이것을 완벽하게 습득하면 명확한 명도와 색상의 컨트롤이 가능하며, 최소한의 손상으로 색상 유지가 좋은 고급스러운 컬러링이 가능하다.

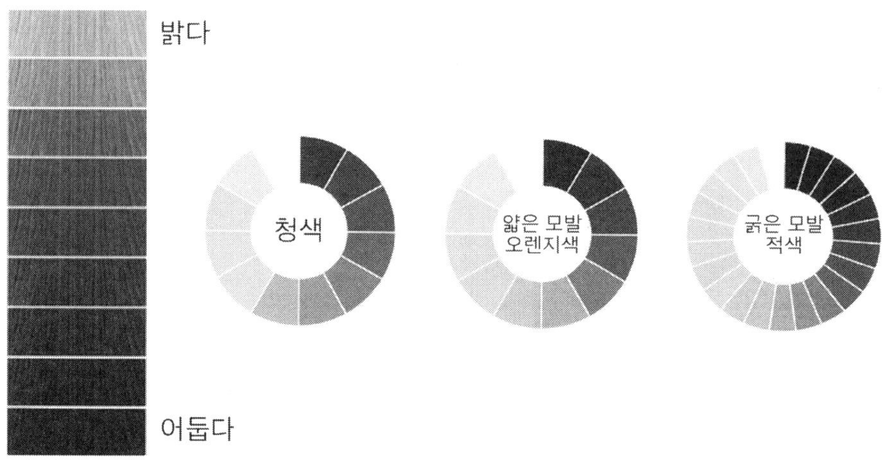

12. 그레이 컬러를 생각할 때의 포인트

(1) 흑모와 백모라는 종류의 소재가 혼재한다.

- 흑모와 백모에 알맞은 염색 방법을 각각 이해한다.
- 백모의 외관의 밸런스를 맞춘다.(염색 후의 차이를 적게 한다.)
- 흑모와 백모 분량의 밸런스의 파악이 중요

(2) 백모는 큐티클이 두껍고 견고하며, 튼튼하기 때문에 약제가 침투하기 어렵다.

- 컬러의 도포 방법, 약제의 선정 방법 고민
  약제는 감싸듯이 듬뿍 도포 7
  블리치력이 있는 약제가 필요

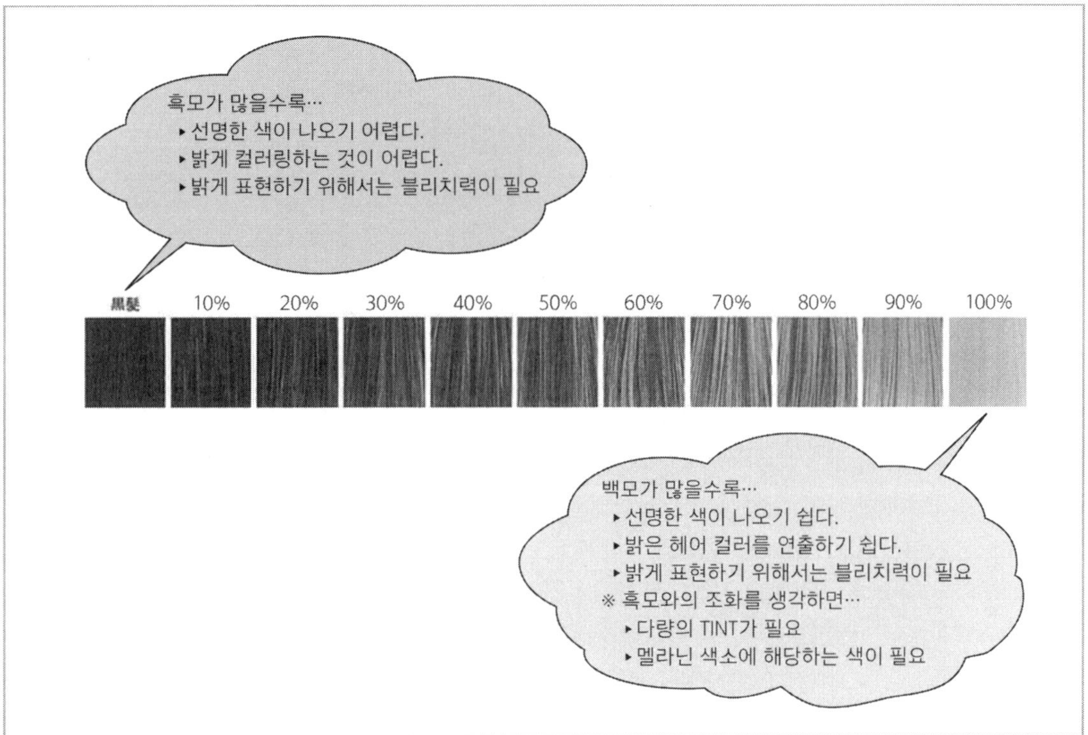

사용 약제와 완성 명도의 기준 (예를 들어 새치 염모제의 7 레벨을 사용한 경우)		
백모율	완성 상태 명도	레벨 표기에서
0~10%	6Lv	1레벨 어둡다(-1)
30%	7Lv	레벨 표기대로
50%	8Lv	1레벨 밝다(+1)
70%	9Lv	2레벨 밝다(+2)
90%	10~11LV(TINT의 색)	3~4레벨 밝다(+3・4Lv)

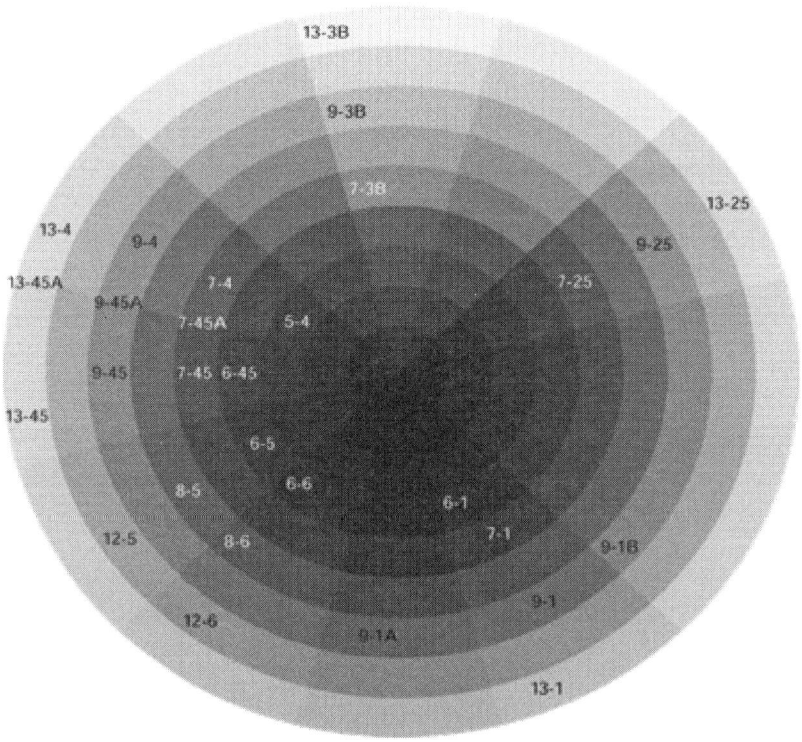

1차색, 2차색, 3차색의 혼합

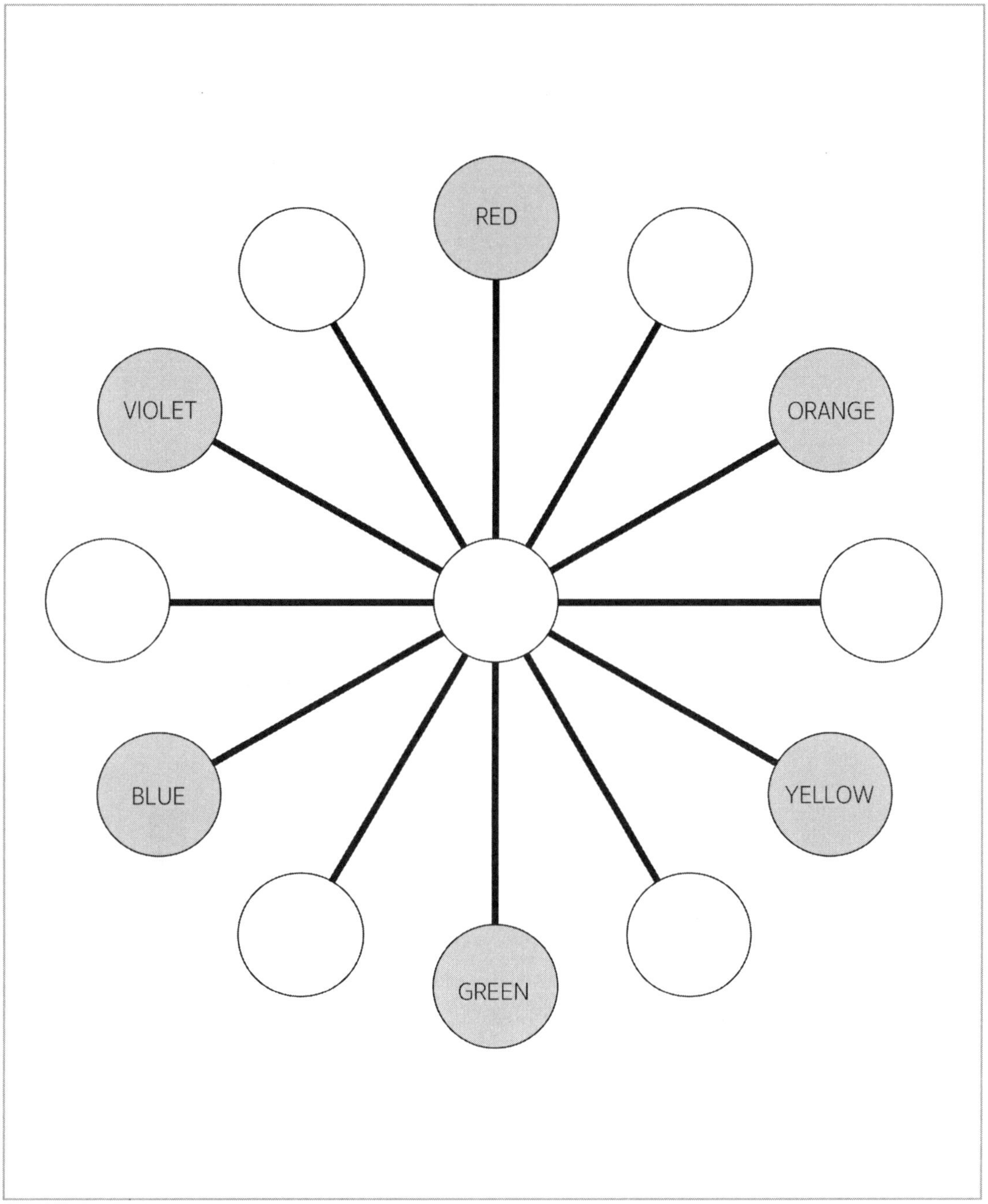

색의 중화

푸른재빌 1M+00 1 : 1

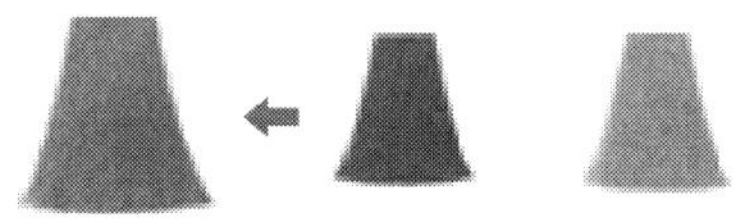

샌드 3M+35 3 : 1.5

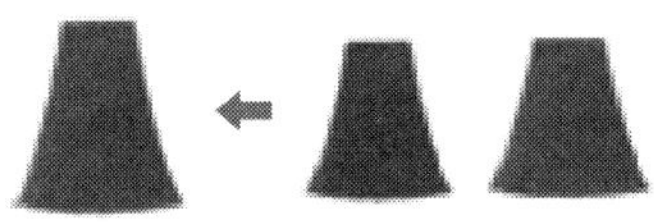

포도 6M+80 1 : 1

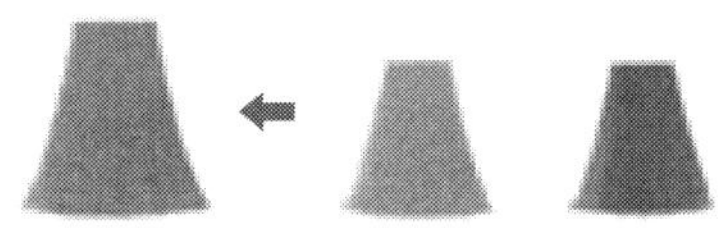

골드브라운 35+91 2 : 1

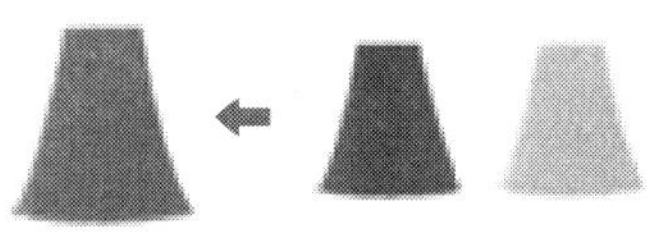

올리브 브라운 L+30 1 : 1

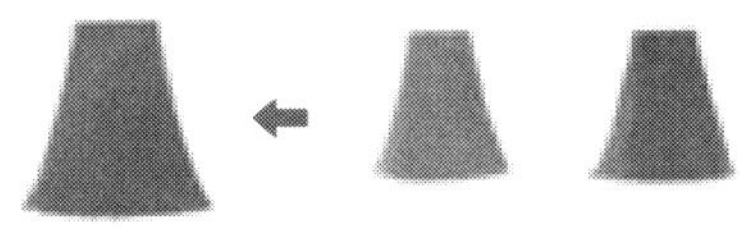

오렌지브라운 40+91 1 : 1

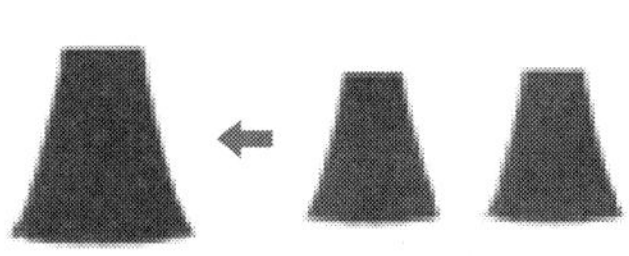

딥풀색 D+5L 1 : 1

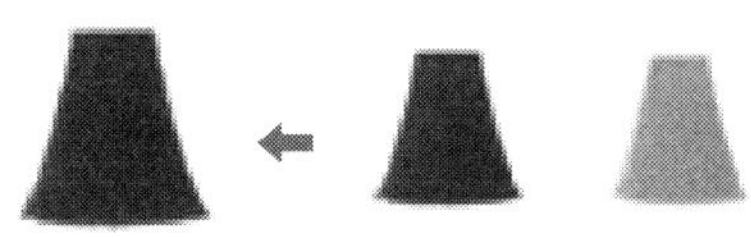

카키블랙 95+35 5:1

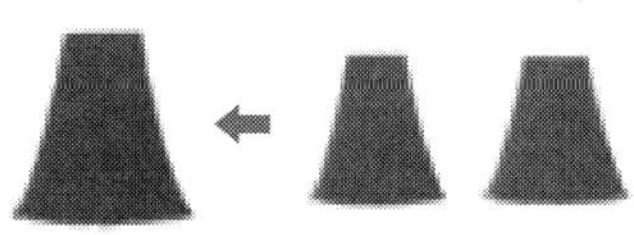

마호가니블론드 5L+50 3 : 1

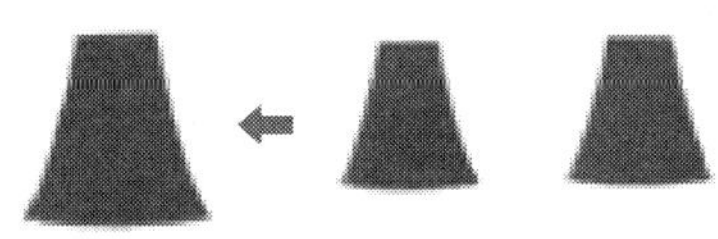

분홍장미 5L+50 1:1

블랙 99+DD 1 : 1

시간과 2제(Oxy)에 의한 명도의 변화

CB+6%(1:2) 30분 방치	CB+6%(1:2) 40분 방치	CB+6%(1:2) 50분 방치	PB+6%(1:3) 30분 방치	PB+6%(1:3) 40분 방치	PB+6%(1:3) 50분 방치

2제의 농도에 따른 염모제 발색 변화(30분 방치)

	백 모	13Lv모	흑 모
6%			
3%			

블리치(1:3)의 명도 변화 STEP

버진모	8Lv	10Lv	12Lv	14Lv	16Lv	18Lv

산화제에 따른 변화(알칼리양 & 색소량에 따른 변화)

	버진모	13Lv 염모제+6%	9Lv 염모제+6%	7Lv 염모제+6%
6%				
3%				

13. 모델 실습

Chapter

04 블로우 드라이

1. 블로우 드라이란?

(1) (　　)과 (　　　)을 이용해 모발을 건조시키고 형태를 (　　)하거나 새로운 형태로 연출

(2) 최소의 작업으로 (　　　　　　　)

(3) 헤어 스타일링을 하기 위한 가장 기본

(4) 다른 도구와 병용 가능

(5) 쉽고 빠른 손질 - (　　　　　　)

2. 블로우 드라이의 목적

(　　　　　　　　)와 (　　　　　　　　) 등 시술 후에 부족한 부분을 보완해 주는 것으로 (　　　　　　　) 연출하고자 하는 이미지를 손쉽게, 빠르게 구사함으로써 (　　　　　　　)의 완성도를 높여 최고의 아름다움을 표현하는 데 있다.

3. 블로우 드라이의 중요 요소

(1) 습도

-
-
-

(2) 텐션

-
-
-

(3) 온도

-
-
-

(4) 속도

-
-
-

(5) 각도

-
-
-

4. 블로우 드라이의 역사

- 1960년 중반 : 프랑스
- 비달 사순(Bidal Sasson) 'cut & Blow dry'
- 우리나라 : 1970년대 (70~80년대 아이롱과 세팅)
- 80년대 이후부터 널리 보급
- 현재 : 플랫 아이롱 & 라운드 아이롱

5. 블로우 드라이의 원리

모발이 물에 젖으면 모발 내에 (   ) 중 (   )이 일시적으로 끊어지게 되고 모발이 마르면 재결합이 이루어진다. 이 모발의 결합이 약해진 틈을 타 (   )과 (   )을 이용하며 (   )을 증발시키고, 다시 재결합이 이루어지기 전에 롤과 브러시를 이용해 원하는 형태를 만듦

6. 블로우 드라이의 장점

(1) 빠른 시간 내에 스타일링 가능

(2) 모류 보정

(3) 웨이브의 강약 조절 가능

(4) 볼륨감

(5) 모발에 윤기 부여

(6) 커트선

7. 블로우 드라이의 단점

(1) 정확하게 열 관리를 하지 않았을 경우 모발이 손상될 수 있다.

(2) 한 곳에 집중적으로 열을 주면 모발이 손상된다.

(3) 다양한 기술이 필요함

8. 블로우 드라이 시술 시 주의 사항

(1) 동일한 웨이브를 주더라도 두상에 따라 (   )을 달리 해야 한다.

(2) 드라이와 브러시 사이에 (   )cm 정도 띄워서 시술한다.

(3) 드라이 열풍이 (   )에 닿지 않도록 주의한다.

(4) 모발의 수분량은 (   )%가 적당하다.

(5) 장시간 열을 주면 (   ), 모발의 (   )를 잃게 된다.

(6) 바른 자세로 시술한다.

(7) 적절한 스타일링제를 사용한다.

9. 블로우 드라이의 종류

(1) 블로우 드라이(Blow Dry)

-
-
-

(2) 핑거 드라이(Finger Dry)

-
-
-

(3) 램프 드라이(Lamp Dry)

-
-
-

(4) 내추럴 드라이(Natural Dry)

-
-
-

10. 블로우 드라이 시 필요한 도구

(1) 드라이기

(2) 브러시

(3) 꼬리빗

(4) 헤어클립

(5) 분무기

(6) 스타일링제

11. 볼륨에 따른 롤의 각도

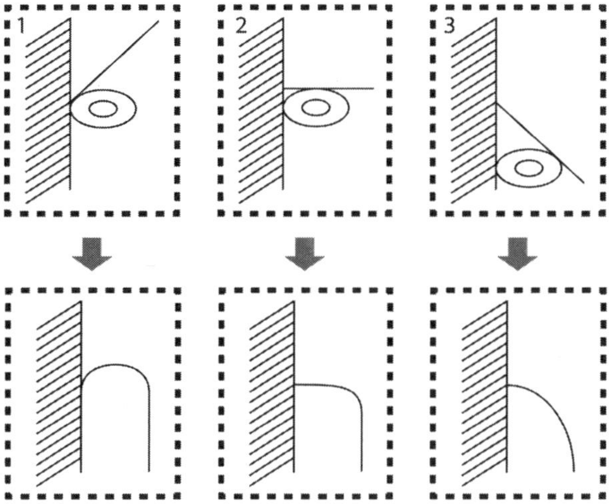

1. **120~135°**
   많은 볼륨을
   주고자 할 때

2. **90°**
   보통의 볼륨을
   줄 때

3. **45°**
   볼륨을 적게
   줄 때

12. 드라이 시술에 따른 두상의 표현 각도

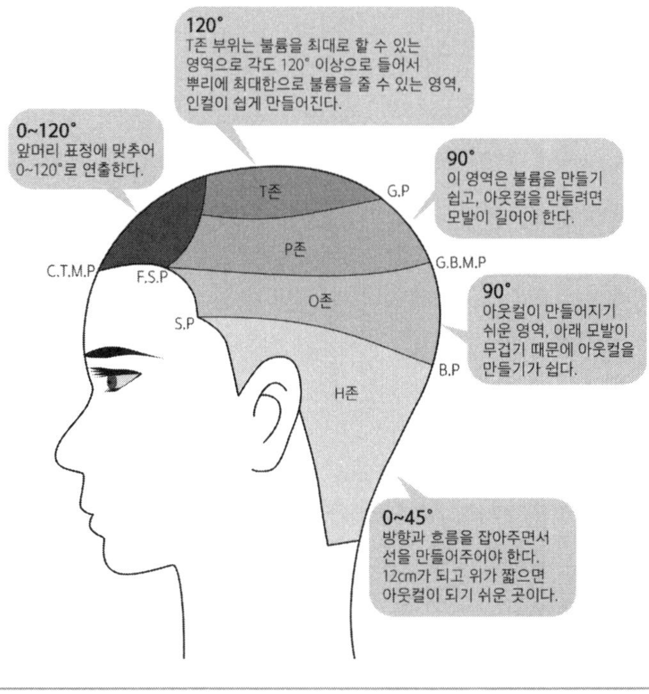

13. 블로우 드라이 시술

14. 아이롱 시술

Chapter 05 커트의 기본적 이해

1. 미용 용어의 개념

1) 베이스

(1) 온 더 베이스(On the Base)

- 패널의 동일한 길이로 커트 시 사용하는 방법

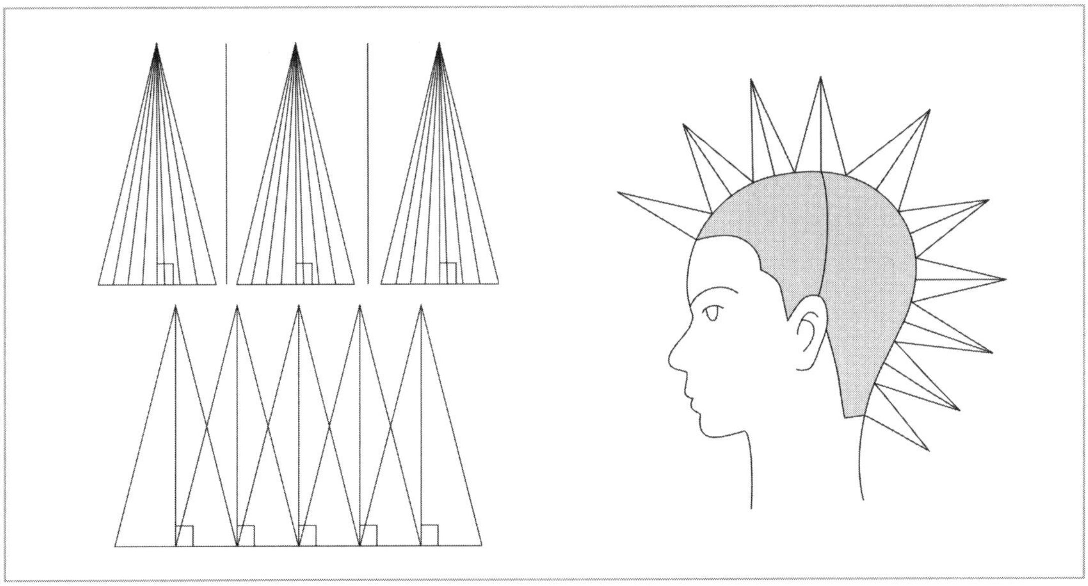

(2) 사이드 베이스(Side Base)

- 패널의 한쪽 면이 직각이 되도록 커트하는 방법

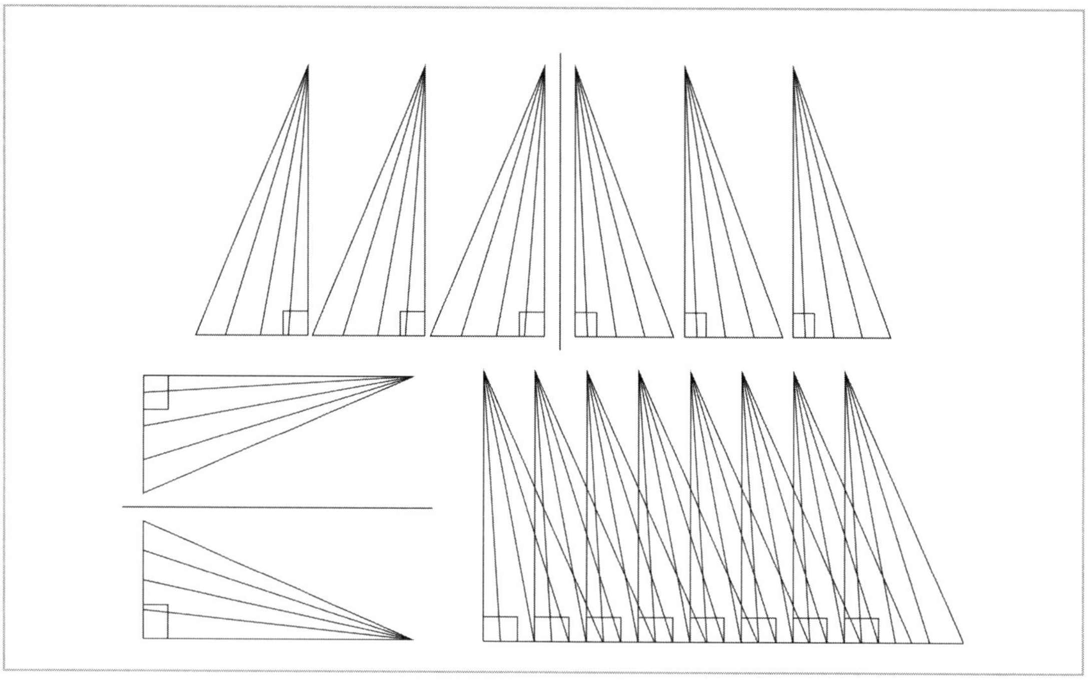

(3) 프리 베이스(Free Base)

- 온 더 베이스와 사이드 베이스의 중간길로 커트 시 사용하는 방법

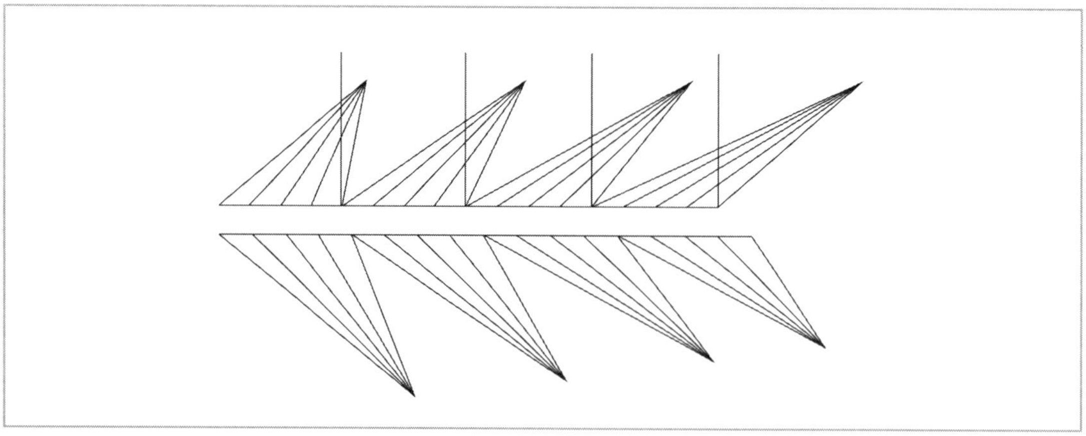

(4) 오프 더 베이스(Off the Base)

- 패널의 밖으로 모발이 벗어난 상태에서 커트 패널의 한쪽 면이 급격하게 길어짐

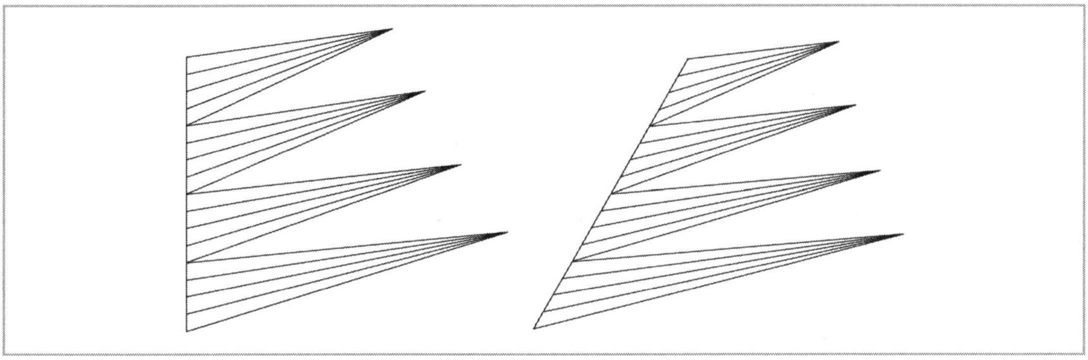

(5) 트위스트 베이스(Twist Base)

- 길이의 장단이 맞지 않을 경우 패널을 비틀어서 연결시키는 커트 방법

(6) 다운 베이스(다운 스템, Down stem)

- 패널을 평행으로 잡은 상태에서 두피에서 90도 이하로 내려서 커트하는 방법

(7) 업 베이스(업 스템, Up stem))

- 패널을 평행으로 잡은 상태에서 두피에서 90도 이상으로 올려서 커트하는 방법

2) 파팅

(1) 호리존탈(평행, Horizontal)

- 수평, 두상에서 평행으로 나누는 선

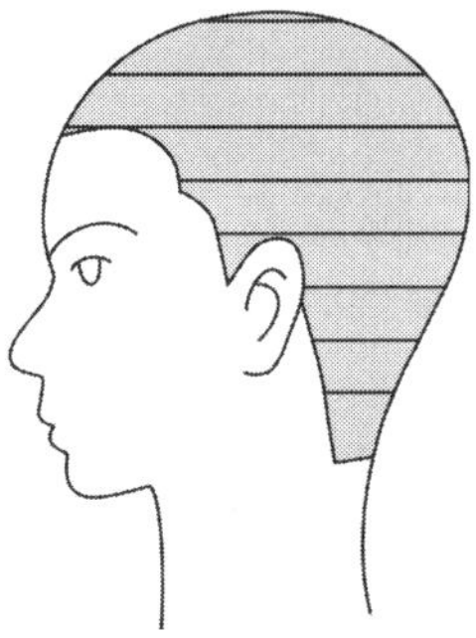

(2) 다이아고널(사선, Diagonal)

- 두상에서 사선으로 나누는 선

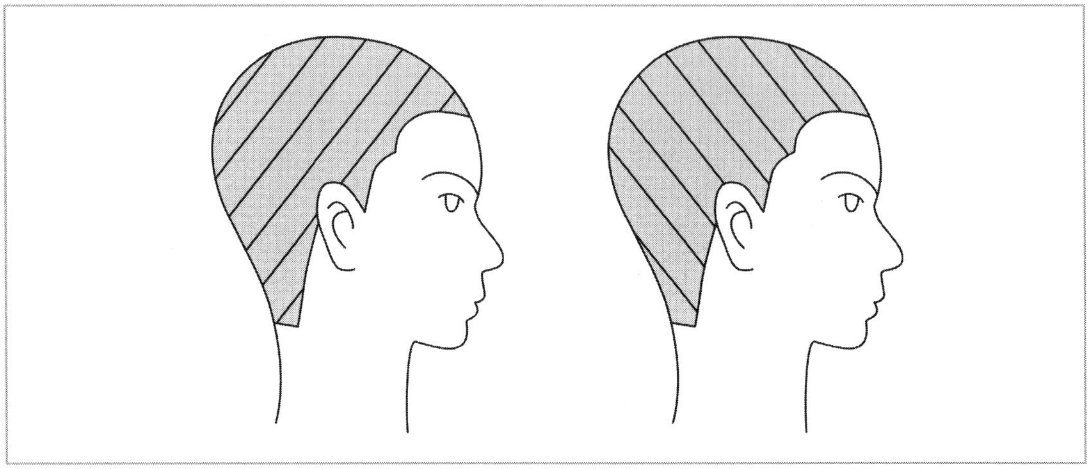

(3) 버티컬(세로, Vertical)

- 두상에서 세로로 나눈 선

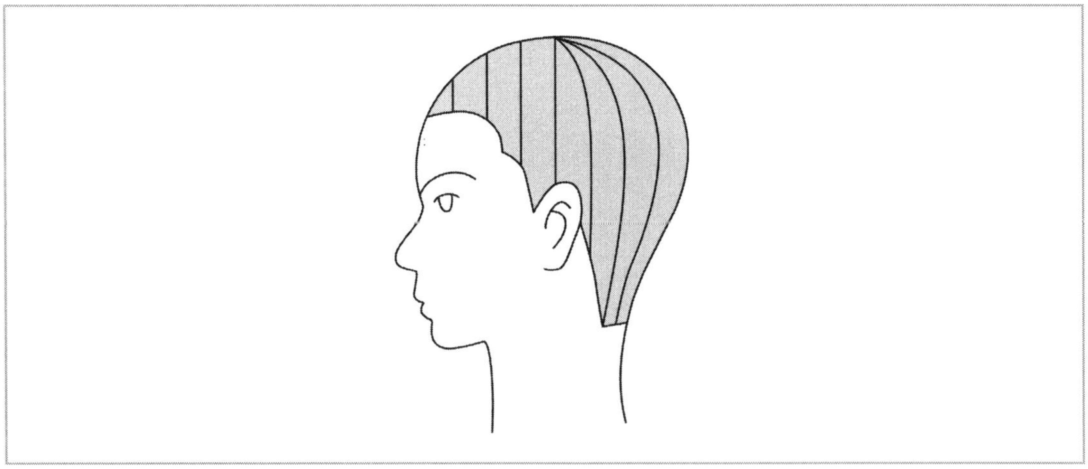

(4) 피봇(Pivot)

- 방사상 커트 시 탑 포인트(T.P) 또는 골덴 포인트(G.P)를 중심으로 수박의 줄무늬처럼 나누는 선

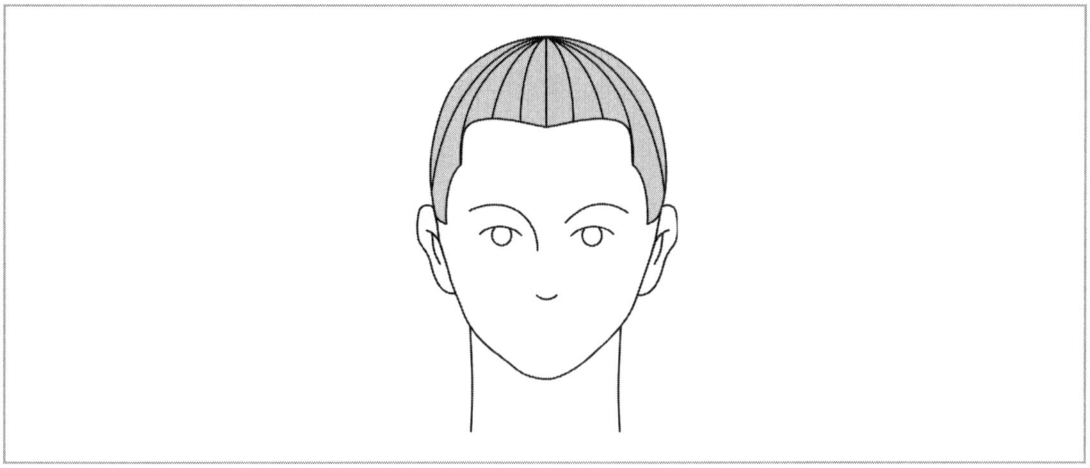

3) 섹셔닝

(1) 센터(Center)

- 센터 포인트(C.P)에서부터 네이프 포인트(N.P)까지 정중선으로 나눈 방법

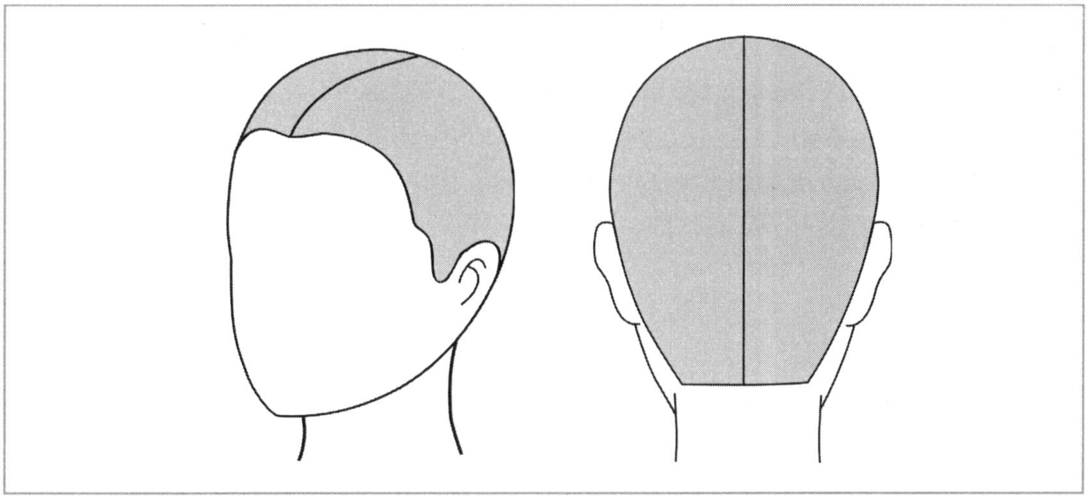

(2) 수평(Horizontal)

- 위 · 아래의 형태와 그에 따른 비율, 시술각, 형태선이 달라지는 곳, 곡면이 달라지는 곳에 따라 나눌 수 있음

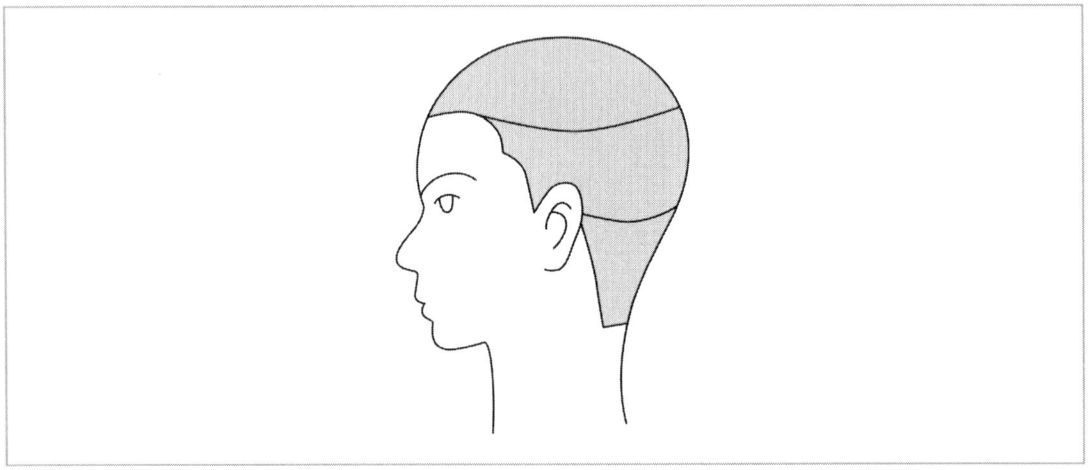

(3) 이어 투 이어(Ear to Ear)

- 센터 포인트(C.P)에서 탑 포인트(T.P), 탑 포인트(T.P)에서 이어 포인트(E.P)까지 수직으로 나누는 선

핵심 정리 1 베이스

- 온 더 베이스(On the Base) : 패널의 동일한 길이로 커트 시 사용하는 방법
- 사이드 베이스(Side Base) : 패널의 한쪽 면이 직각이 되도록 커트하는 방법
- 프리 베이스(Free Base) : 온 더 베이스와 사이드 베이스의 중간길로 커트 시 사용하는 방법
- 오프 더 베이스(Off the Base) : 패널의 밖으로 모발이 벗어난 상태에서 커트 패널의 한쪽 면이 급격하게 길어짐

핵심 정리 2 파팅

- 호리존탈(평행, Horizontal) : 수평, 두상에서 평행으로 나누는 선
- 다이아고널(사선, Diagonal) : 두상에서 사선으로 나누는 선
- 버티컬(세로, Vertical) : 두상에서 세로로 나누는 선
- 피봇(Pivot) : 방사상 커트 시 중심에서 수박의 줄무늬처럼 나누는 선

핵심 정리 3 섹셔닝

- 센터(Center) : C.P에서 N.P까지 정중선으로 나누는 방법
- 수평(Horizontal) : 수평으로 두상의 곡면에 따라 나누는 방법
- 이어 투 이어(Ear to Ear) : C.P에서 T.P, T.P에서 E.P까지 수직으로 나누는 방법

2. 커트 도구 및 사용법

1) 빗(빗의 구조와 명칭)

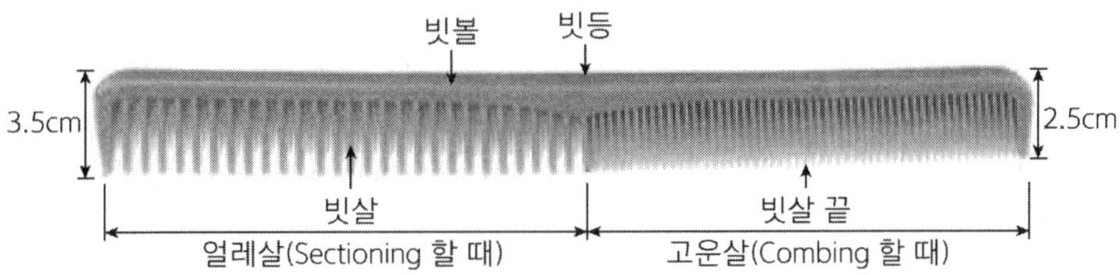

(1) 고운살

- 얼레살로 빗질한 후 고른 Tension을 유지하여 Cut할 때 사용함

(2) 얼레살

- Comb의 간격이 넓은 부분으로 모발의 엉킴을 풀거나 빗질을 용이하게 할 때 사용함

(3) 빗살끝

- 두피에 직접 닿는 부분이며 모발을 분할할 때 사용함

(4) 빗살

- Comb의 가장 중요한 부분이며 고르고 균일해야 함

2) 가위

(1) 가위의 종류

길이에 따라 맞는 가위를 선택하여야 함

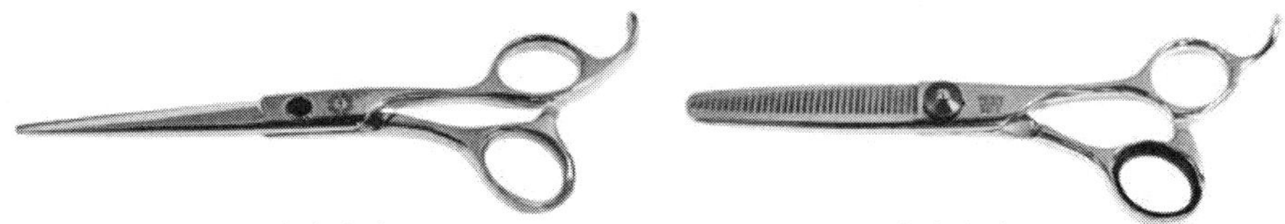

일반가위 틴닝가위

① 일반가위 : 일반적으로 헤어커트에 쓰이는 가위는 가위의 길이에 따라 4~7인치 정도로 구분 됨

② 틴닝가위 : 숱가위라도 불리며 모량을 조절하고 모발의 흐름을 자연스럽게 함

(2) 가위의 명칭

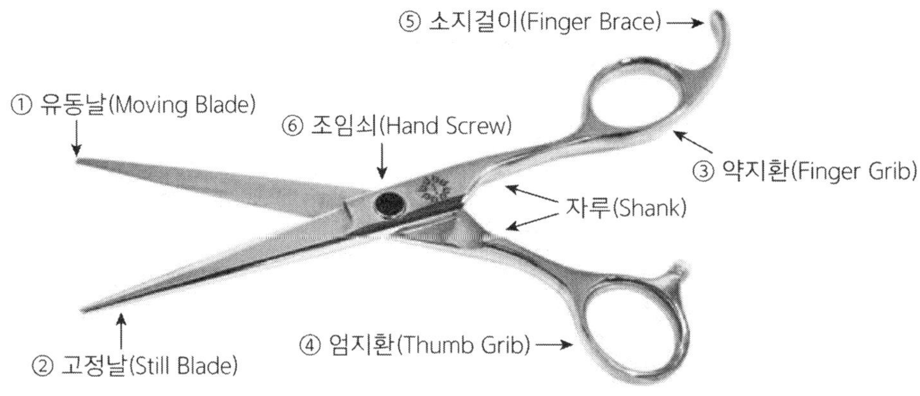

① 유동날 : 엄지에 의해 조작되는 움직이는 날

② 고정날 : 약지에 의해 조작되며 시술 시 고정됨

③ 약지환 : 고정날에 연결된 원형의 고리로 약지를 끼워 넣는 곳

④ 엄지환 : 유동날에 연결된 원형의 고리로 엄지가 위치하는 곳

⑤ 소지걸이 : 약지환에 이어져 있으며 소지를 걸기 위한 곳

⑥ 조임쇠 : 유동날과 고정날을 하나로 고정시켜 주며 가위날의 고정력을 조절함

(3) 가위질법

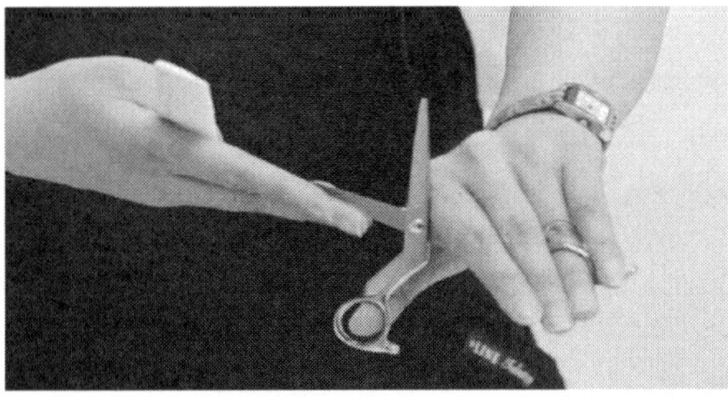

수직 가위질법

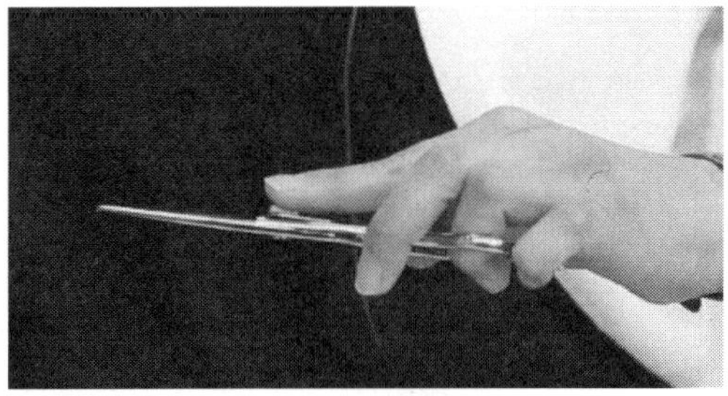

수평 가위질법

① 수직 가위질법 : 가위를 수직으로 잡고 커트하는 방법, 일반 자격증 시험의 기본 가위질법에 해당함

② 수평 가위질법 : 손등이 보이게 주먹을 쥐는 형태로 잡는 방법, 조임쇠 있는 곳에 손가락을 올려 손과 일자가 되게 수평으로 잡고 커트하는 방법

(4) 틴닝가위 사용법

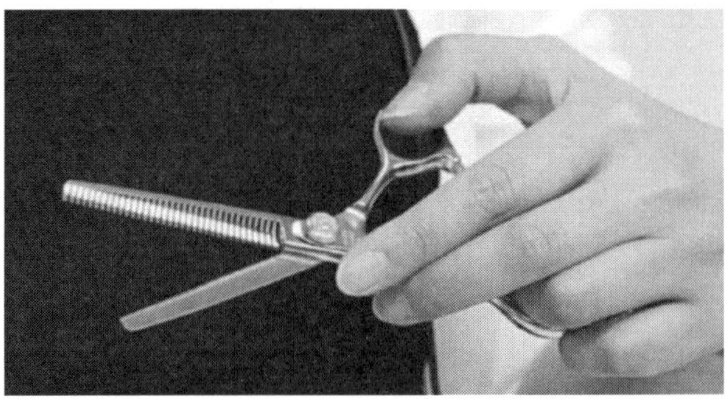

① 숱가위

② 모량을 조절하고 모발의 흐름을 자연스럽게 할 때 사용됨

3) 클리퍼(Clipper)

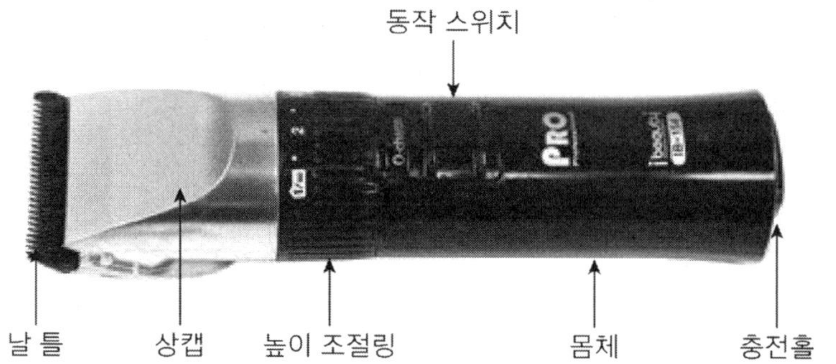

(1) 클리퍼의 구조

① 윗날 : 좌우로 움직여서 모발을 자르는 작용을 함

② 밑날 : 윗날과 같이 모발을 자르는 역할을 하며 빗의 기능도 함께 가지고 있음

(2) 클리퍼의 청소법

- 윗날과 아랫날을 분리하여 안쪽에 있는 모발을 제거함

(3) 클리퍼의 종류

- 프로용, 일반용, 마무리용(토끼)

4) 레이저(Razor)

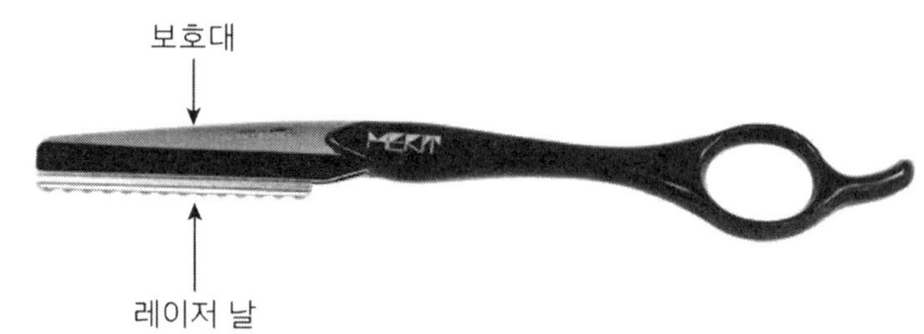

(1) 레이저의 종류

- 일반 레이저(Ordinary Razor) : 일반적인 레이저의 유형, 모량 감소 시 사용함
- 셰이핑 레이저(Shaping Razor) : 안정성이 높으며 쉽게 사용 가능

(2) 레이저 사용 방법

- 질감 처리 방법으로 잡는 방법에 따라 양을 조절할 수 있음

5) 기타 도구

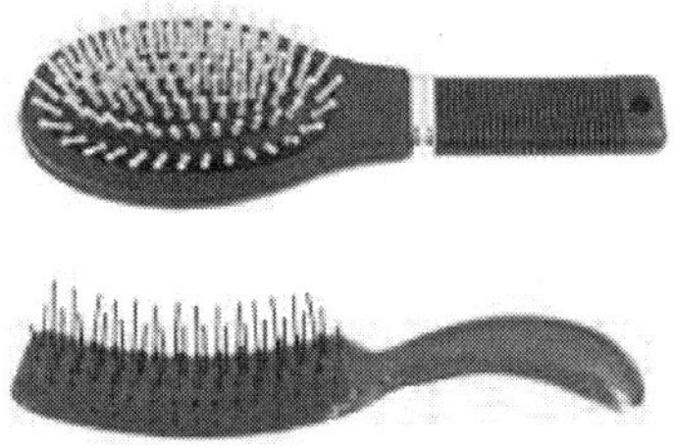

브러시

분무기

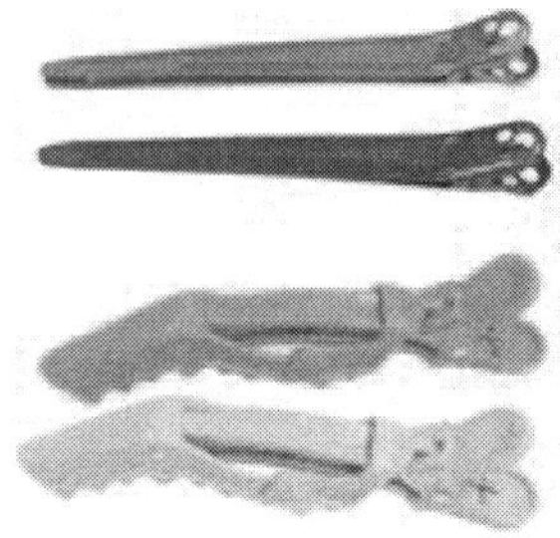

클립

(1) 분무기

- 커트 시 모발에 수분 공급을 위해 사용

(2) 클립

- 커트 시 모발을 나누고자 할 때 즉 섹셔닝이나 파팅 시 모발을 고정시켜 줌

(3) 브러시

- 모발의 엉킴을 방지해주고 모발 정리용으로 사용

핵 심 정 리 1 빗

- 고운살(Combing할 때)
- 얼레살(Sectioning할 때)
- 빗살끝
- 빗살

핵 심 정 리 2 가위

- 가위의 종류 : 일반가위, 틴닝가위
- 가위의 명칭 : 유동날, 고정날, 약지환, 엄지환, 소지걸이, 조임쇠
- 가위질법 : 수직 가위질법, 수평 가위질법
- 틴닝가위 사용법 : 모량을 조절하고 모발의 흐름을 자연스럽게 할 때 사용됨

핵 심 정 리 3 클리퍼

- 날의 3, 2, 1mm를 조절하여 스포츠나 상고 머리형을 만들 때 주로 이용되며, 머리를 위로 빗질하여 빗과 같은 위치에 잡음
- 클리퍼는 빗 위에 놓는데 빗은 수직, 수평, 혹은 대각선으로 놓을 수 있음

핵 심 정 리 4 레이저

- 틴닝과 같이 질감 처리를 할 때 주로 사용되는 도구
- 자연스러운 질감을 원할 때 주로 사용됨

3. 커트의 종류 및 기본 자세

1) 커트의 종류

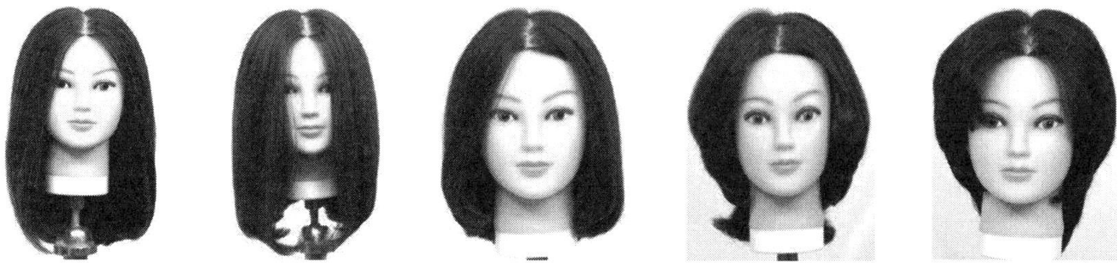

원랭스 커트 스파니엘 커트 이사도라 커트 그라데이션 커트 레이어 커트

원랭스 커트

(1) 원랭스 커트

- 모발의 층이 없고 하나의 라인에서 만들어지는 커트형

(2) 그라데이션 커트

- 모발의 각(0 ~ 90°)을 이용하여 볼륨감을 주어 만들어지는 커트형

(3) 레이어(인크리스, 유니폼) 커트

- 층이 있는 헤어스타일

2) 두상 포인트

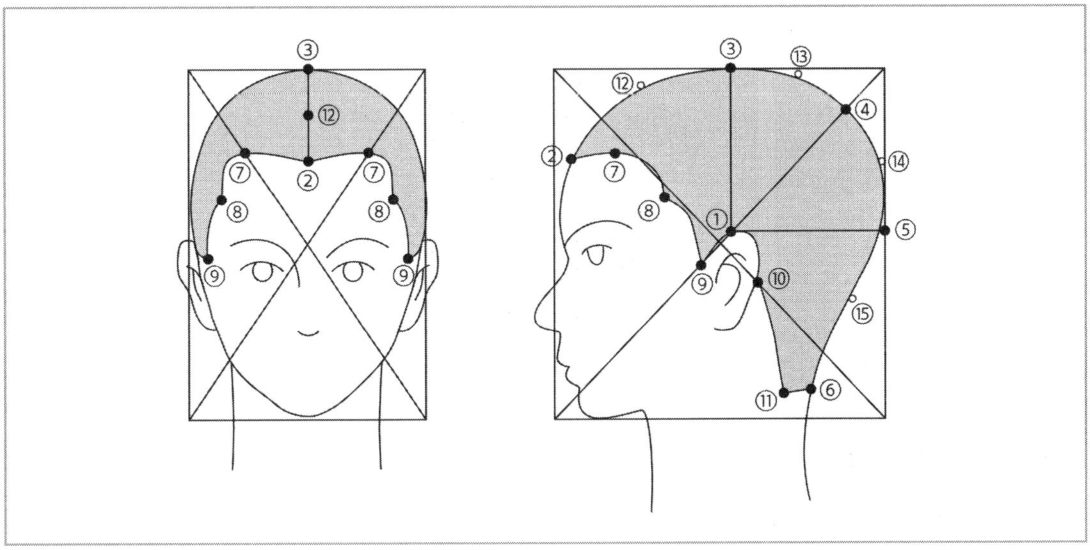

① E.P(Ear Point)
② C.P(Center Point)
③ T.P(Top Point)
④ G.P(Golden Point)
⑤ B.P(Back Point)
⑥ N.P(Nape Point)
⑦ F.S.P(Front Side Point)
⑧ S.P(Side Point)
⑨ S.C.P(Side Corner Point)
⑩ E.B.P(Ear Back Point)
⑪ N.S.P(Nape Side Point)
⑫ C.T.M.P(Center Top Medium Point)
⑬ T.G.M.P(Top Golden Medium Point)
⑭ G.B.M.P(Golden Back Medium Point)
⑮ B.N.M.P(Back Nape Medium Point)

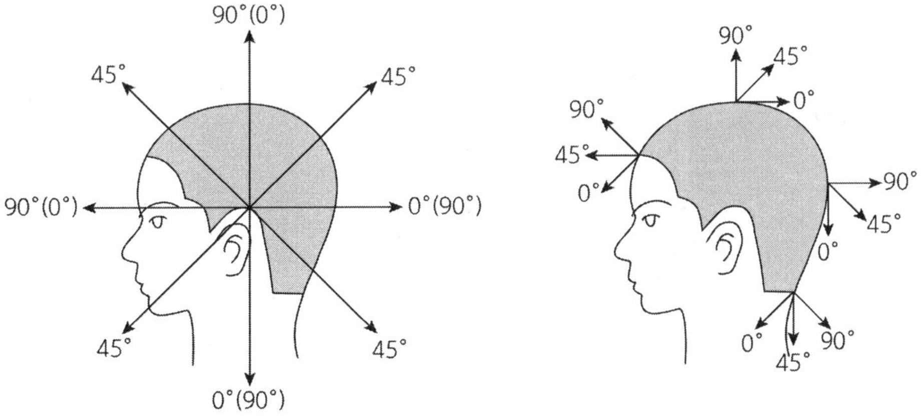

Celestial Angle　　　Head Angle

3) 모발 나누기

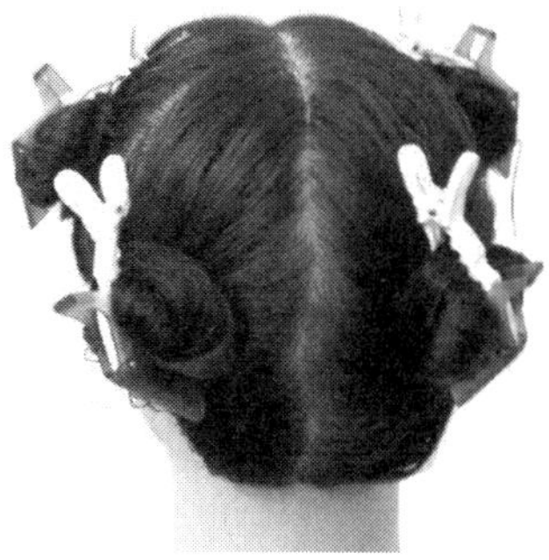

(1) 블로킹 나누기

- 모발을 4등분하여 나누기

(2) 슬라이스 나누기

- 1~1.5cm로 모발을 적게 나누기

(3) 블로킹한 모발을 고정하는 방법

- 클립으로 모발이 흘러내리지 않도록 고정하기

4) 커트형에 따른 슬라이스 방법

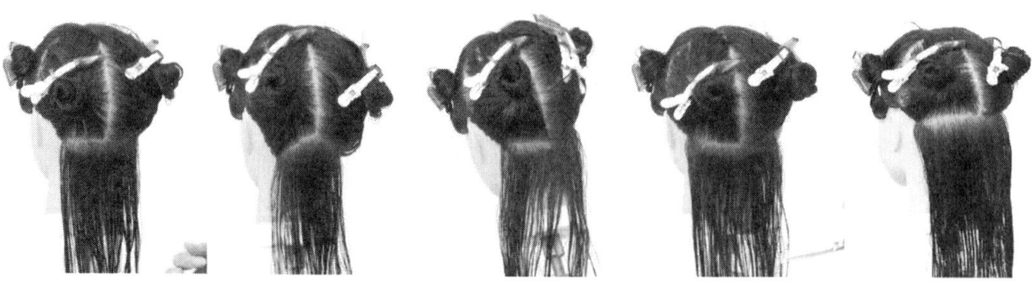

원랭스 커트 스파니엘 커트 이사도라 커트 그라데이션 커트 레이어 커트

원랭스 커트

(1) 원랭스 커트

- 일자형(평행) 커트 : 평행이 되도록 나누기
- 스파니엘(전대각) 커트 : A라인으로 나누기
- 이사도라(후대각) 커트 : U라인으로 나누기

(2) 그라데이션 커트

- U라인으로 나누기

(3) 레이어 커트

- U라인, 세로로 나누기

5) 커트 자세

① 발은 어깨 넓이로 벌린다.
② 어깨와 팔은 평행이 되도록 빗과 가위를 잡는다.
③ 낮은 커트 자세 시 무릎을 굽힌 안정된 자세로 커트한다.

핵심 정리 1　커트의 종류

- 원랭스 커트
- 그라데이션 커트
- 레이어(인크리스, 유니폼) 커트

핵심 정리 2 두상 포인트

① E.P(Ear Point) ② C.P(Center Point)
③ T.P(Top Point) ④ G.P(Golden Point)
⑤ B.P(Back Point) ⑥ N.P(Nape Point)
⑦ F.S.P(Front Side Point) ⑧ S.P(Side Point)
⑨ S.C.P(Side Corner Point) ⑩ E.B.P(Ear Back Point)
⑪ N.S.P(Nape Side Point) ⑫ C.T.M.P(Center Top Medium Point)
⑬ T.G.M.P(Top Golden Medium Point) ⑭ G.B.M.P(Golden Back Medium Point)
⑮ B.N.M.P(Back Nape Medium Point)

핵심 정리 3 모발 나누기

- 블로킹 나누기 : 모발을 4등분이나 5등분하여 나누기
- 슬라이스 나누기 : 1~1.5cm로 모발을 적게 나누기
- 블로킹한 모발을 고정하는 방법 : 클립으로 모발이 흘러 내리지 않도록 고정하기

핵심 정리 4 커트형에 따른 슬라이스 방법

- 평행 : 일자형 원랭스 커트 시 사용
- A라인 : 앞으로 길어지는 형(전대각), 스파니엘 커트 시 사용
- U라인 : 앞으로 짧아지는 형(후대각), 이사도라 커트, 그라데이션 커트, 레이어 커트 시 사용

핵심 정리 5 커트 자세

- 발은 어깨 넓이로 벌린다.
- 어깨와 팔이 평행이 되도록 빗과 가위를 잡는다.
- 낮은 커트 자세 시 무릎을 굽힌 안정된 자세로 커트한다.

Chapter 06 Basic style 1 - Long hair style

1. Cut

1) Section

(1) 스타일링(Styling)

① Dry : C-curl dry
② Weight point의 비율
③ Bang과 전체 Out line의 Balance
④ Out line의 형태 유지
⑤ 두상 곡면의 위치에 따른 볼륨감
⑥ C-curl을 이용한 양쪽 Balance

(2) 디자인(Design)

① Layer Cut : Base control을 사용하여 수직 섹션의 개념을 이해하고 Two section의 역할과 연결시키는 과정
② 기장을 정하고 유지하는 방법

(3) 커트의 상하와 좌우의 개념

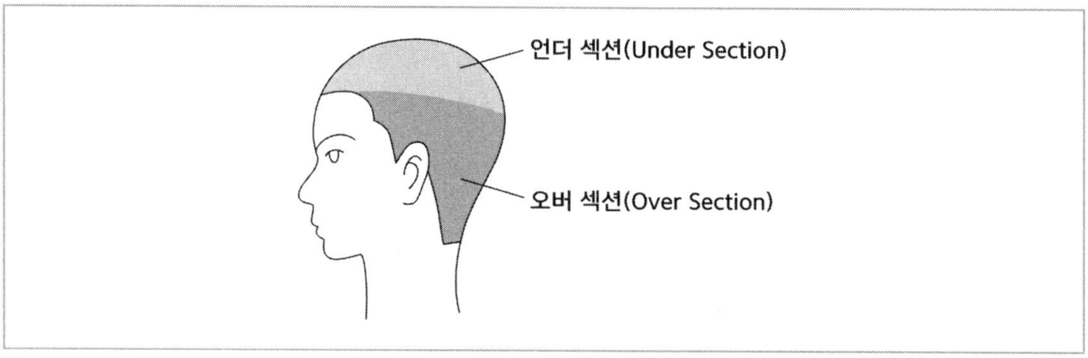

① 언더 섹션(Under Section)

헴라인을 포함하여 아웃 라인의 형태와 질감을 나타내며, 전체적인 커트 기장을 조절할 수 있다. 목덜미에 해당하는 부분으로 볼륨감을 낮춘다.

② 오버 섹션(Over Section)

두상에 돌출되어 있는 부분으로 구성되어 있으며, 커트 완성 디자인에 있어 웨이트와 층을 형성하는 위치

(4) 코너 정리의 TIP

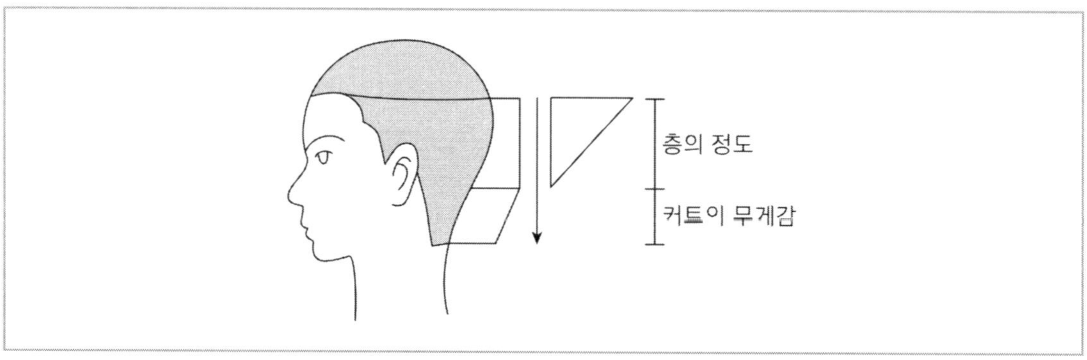

커트의 방법 중 아웃 라인의 기장을 먼저 설정하고 커트를 진행하는 경우에는 설정한 아웃 라인의 기장에 따라 웨이트의 높이와 층의 정도를 정한다. 이 작업을 통해 수직으로 펼쳐진 그레쥬에이션 라인의 커트 형태에서 코너 정리를 얼만큼 하는지에 따라 다음과 같은 사항을 결정할 수 있다.

- 웨이트와 층의 높이 설정
- 무게감을 유지하는 정도
- 아웃 라인의 형태 유지

코너 정리의 정도에 따라 아웃 라인의 형태와 질감을 조절한다.

(5) 시각적인 기장과 밸런스

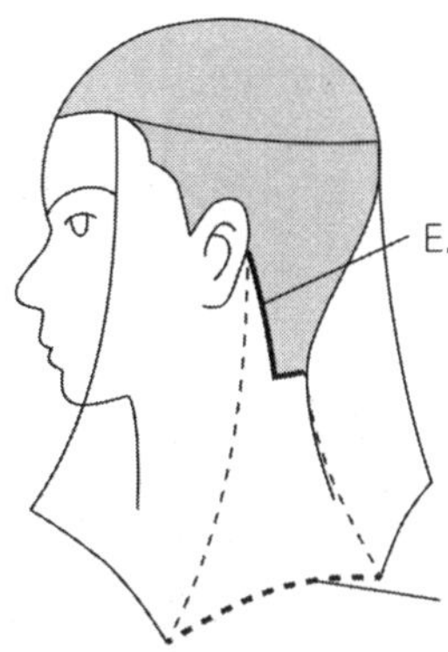

보통의 커트 기장의 첫 시작은 네이프 부분에서 떨어지는 기장에서부터 설정하는 경우가 많다. 사람은 신체구조상 위그와는 다르게 어깨가 있기 때문에 거울을 통해 정면에서 느껴지는 실질적인 기장은 E.B.P에서 N.S.C.P까지의 모발이 떨어져 시각적으로 바라볼 수 있는 가장 밑쪽에 있는 길이가 된다. 아웃 라인을 설정하거나 기장에 대한 상담을 진행할 때에는 꼭 시각적인 기장의 조율이 필요하다.

(6) 황금비율의 밸런스

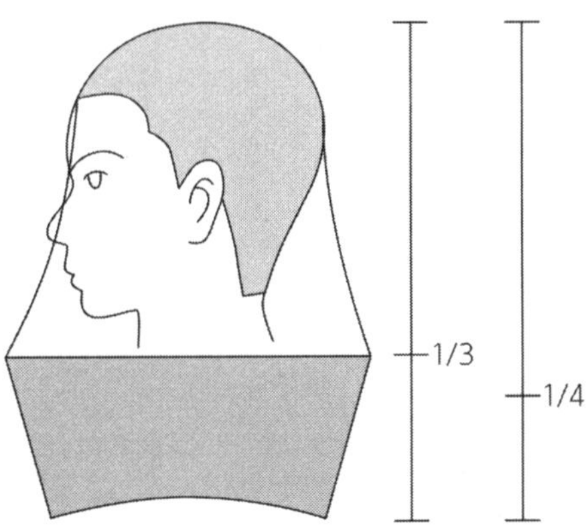

고객에게 가장 안정감을 주는 비율

우리는 다양한 고객을 만날 수 있다. 또한 고객이 원하는 다양한 요구사항이 존재한다. 하지만 웨이트를 설정하고 층을 만들어 냈을 경우에 가장 안정감을 표현할 수 있는 비율은 1/3~1/4 비율의 웨이트를 유지하는 것이다.

2) Process

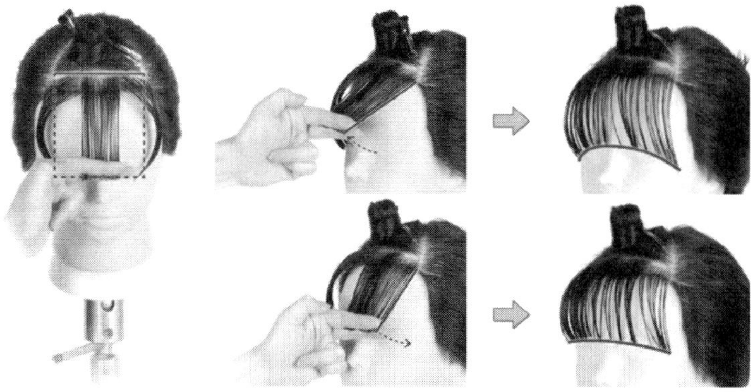

POINT 1
탑 포인트에서 프론트 사이드 포인트까지 삼각 섹션

POINT 2
수평(호리존탈) 섹션으로 Box의 모양을 유지하며 평행하게 커트

NOTICE 커트하는 높이에 따라 앞머리의 떨어지는 모양을 조절할 수 있다.

Tip! 앞머리 커트 후, 기장 설정하여 전대각 라인의 원랭스 진행

3) Section

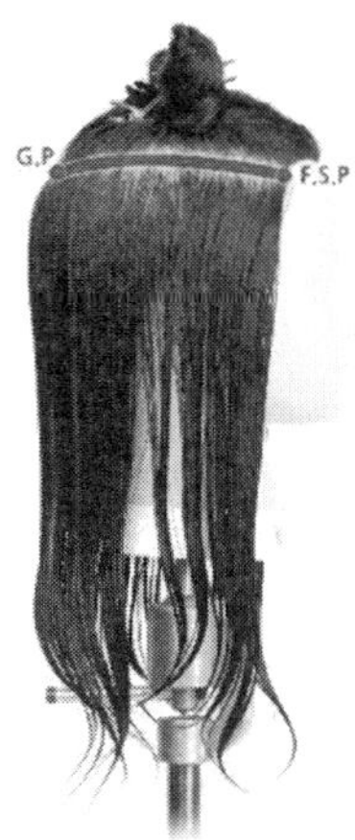

투 섹션
Two section

POINT 1
언더 섹션 : 수직(버티컬) 섹션을 이용하여 두상 곡면에 따라 이동

POINT 2
오버 섹션 : 이어 백* 포인트를 기준 사이드*와 백 부분으로 구분

*백 : 레이디얼 섹션
*사이드 : 수직(버티컬) 섹션

4) Process

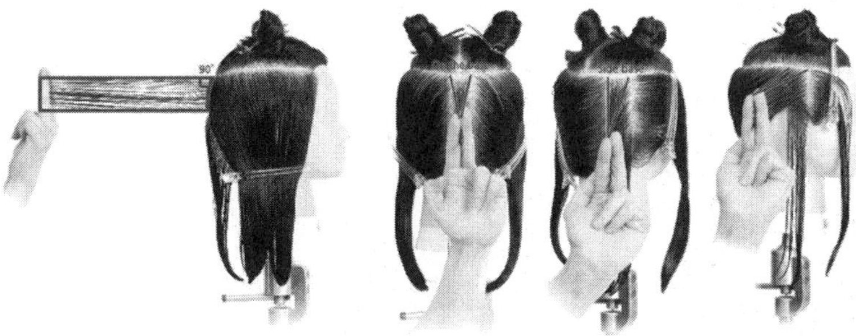

온 더 베이스　사이드 베이스　오프 더 베이스

POINT 1

각도 : 지면과 평행한
90° 코너 정리

POINT 2

두상 곡면에 따라 몸을
이동하며 온더 베이스→
사이드 베이스→
오프 더 베이스 순으로 이동

NOTICE

아웃라인 유지 : 이어 백 포인트에서 백 포인트까지 기준

5) Process

POINT 1

오버 섹션, 백 두상 각도 90도,
레이디얼 섹션 온 더 베이스로
기준, 이후 사이드 베이스 이동

POINT 2

오버 섹션 사이드
수직(버티컬) 섹션
오프 더 베이스

6) Finish Work

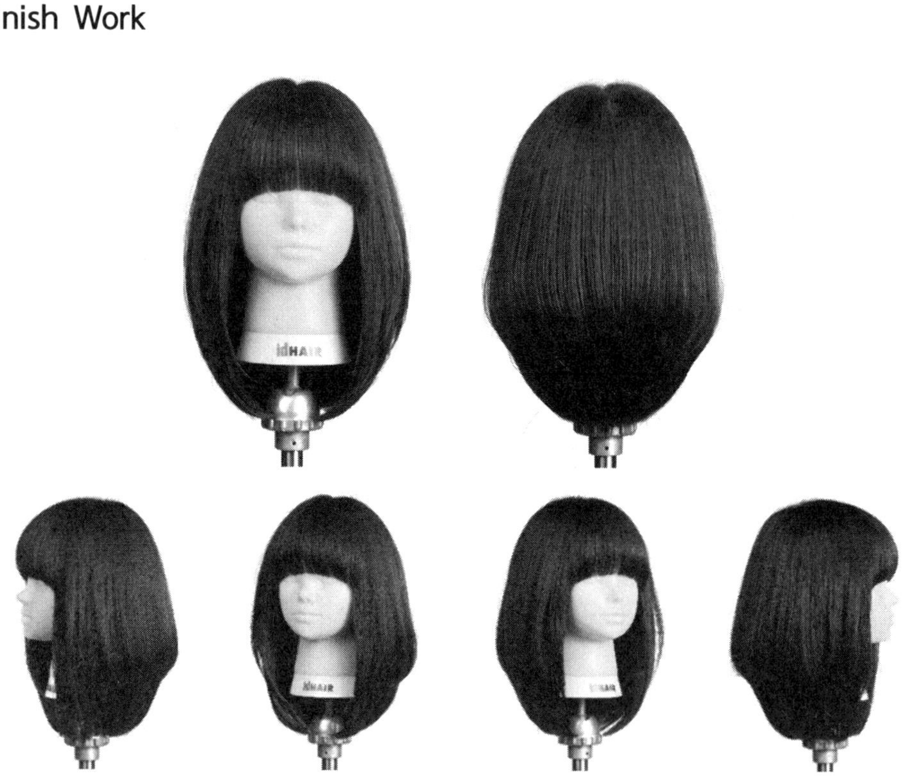

2. Permanent wave

1) 세팅펌

- 여성스럽고 부드러운 느낌의 스타일로 웨이브의 풍성함이 세련되고 지적인 이미지를 연출

(1) 사용 기구

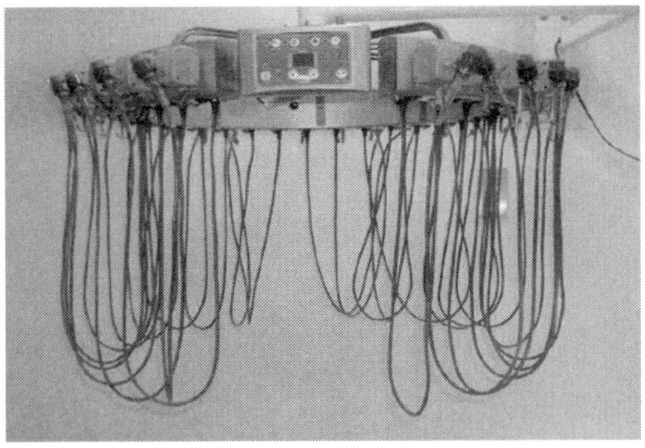

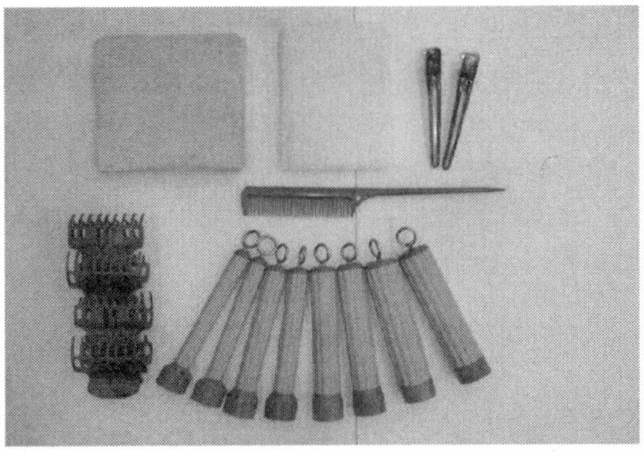

(2) 펌 순서

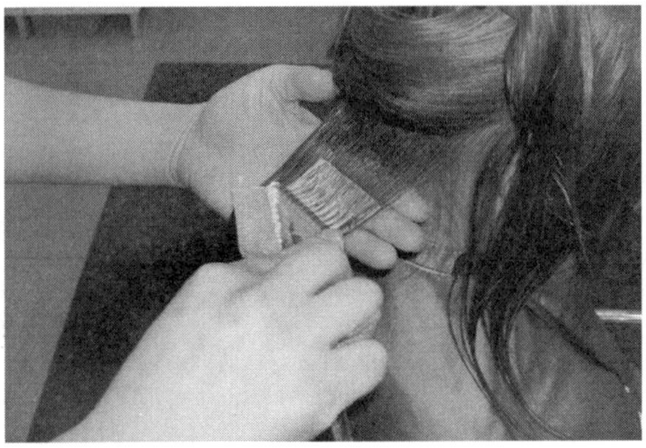

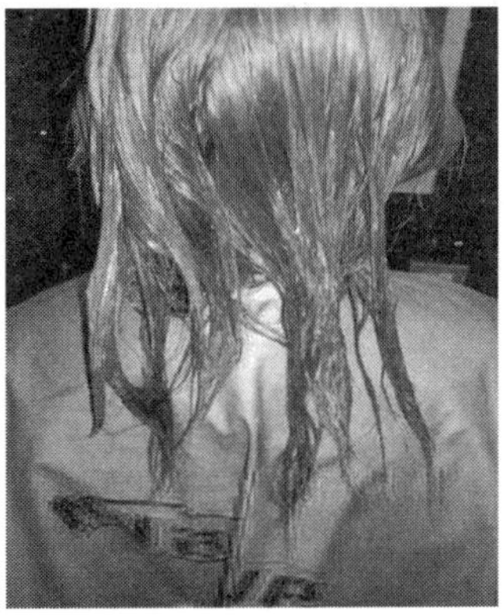

① 모발에 더러움을 없애고 약액을 촉진시키기 위해 샴푸를 한다.

② 타월 드라이 후 모발 진단을 한다.
(손상모와 극 손상모는 전처리를 한 후 시술한다.)

③ 세팅펌에 필요한 도구를 준비한다.

④ 모발 상태에 따라 1제를 도포한다.

⑤ 수분이 없는 모발은 큐티클이 닫혀 약액의 흡수를 방해하므로 수분이 있는 상태에서 약액을 도포한다.

- 자연 방치 시간 :
  - 극 손상모 : 8~12분
  - 손상모 : 12~15분
  - 건강모 : 15~20분
- 열펌에서 열 처리를 많이 하면 단백질 변성이 일어나므로 강모일 때만 열처리를 한다.

⑥ 연화시킨 모발을 깨끗이 헹군다.
(모발에 남아 있는 약액을 없애고 트리트먼트 효과를 극대화시키기 위해)

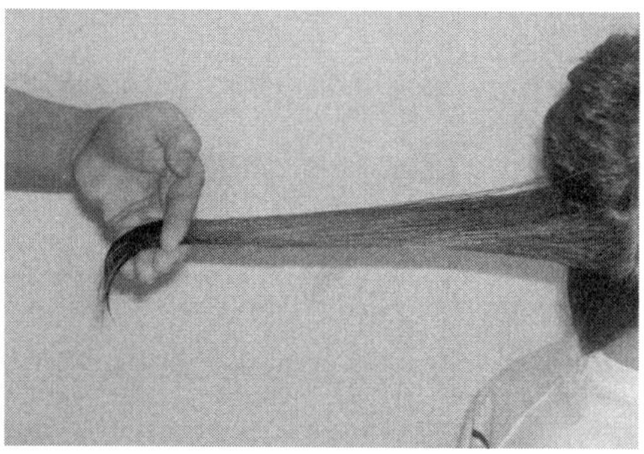

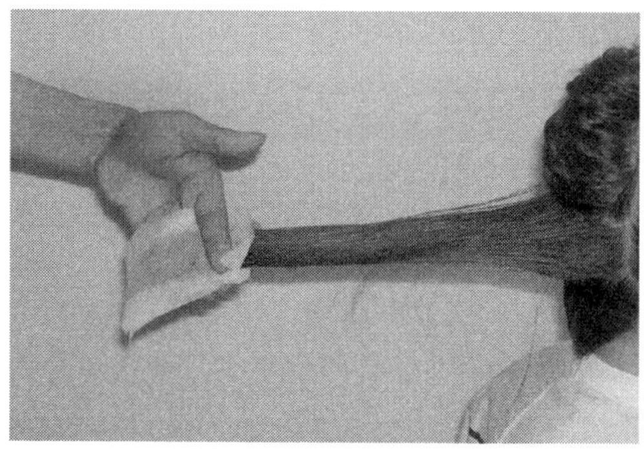

⑦ 모발 내의 수분을 20~30% 정도 남기고 말린다.

⑧ 와인딩 - 롯드 크기만큼 슬라이스를 뜬다.

⑨ 모발에 파지를 대고 세라믹 롯드로 C컬은 1바퀴, S컬은 2바퀴 반을 말아준다.

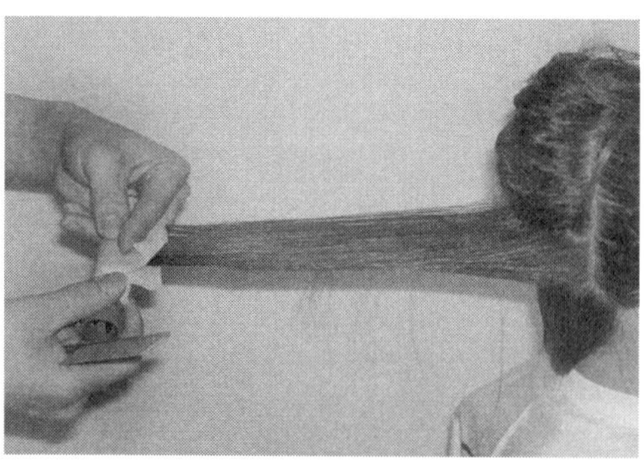

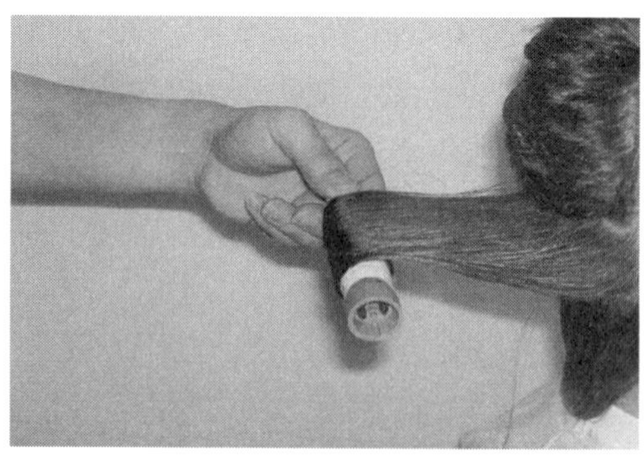

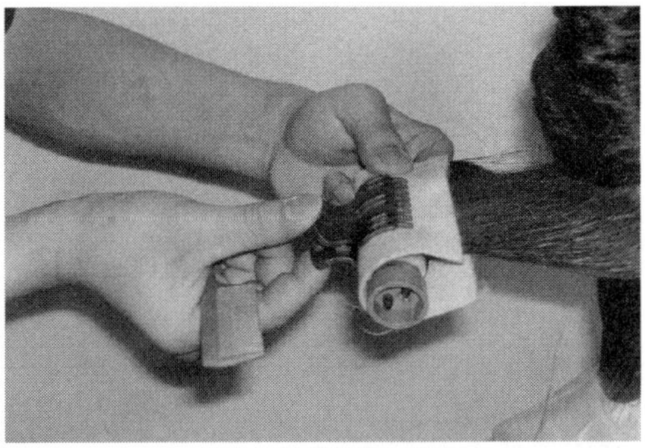

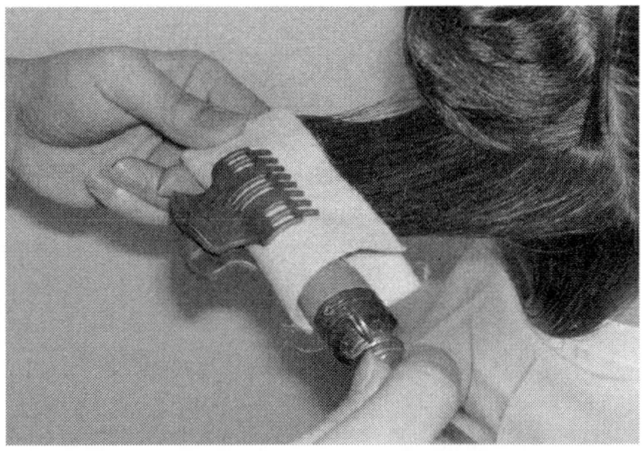

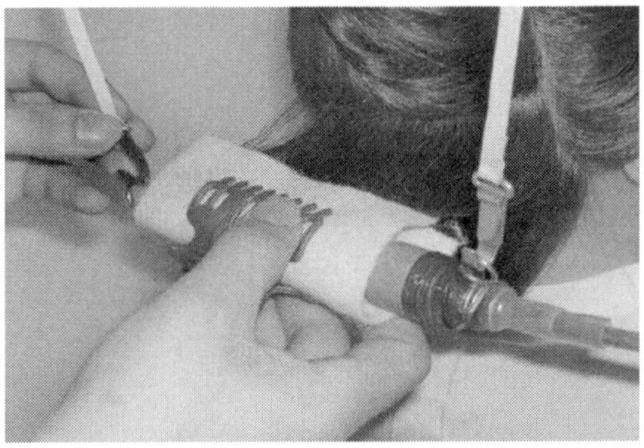

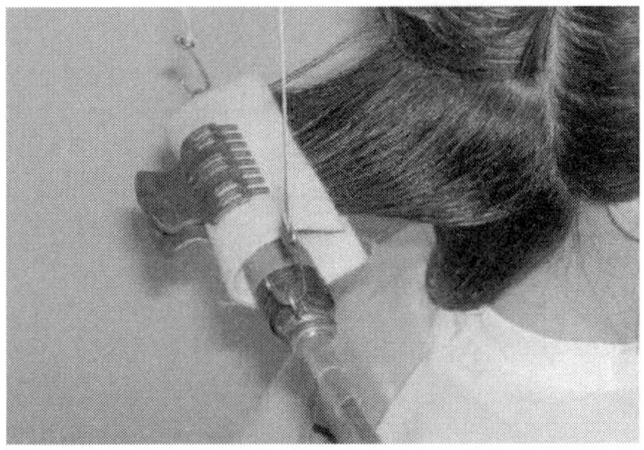

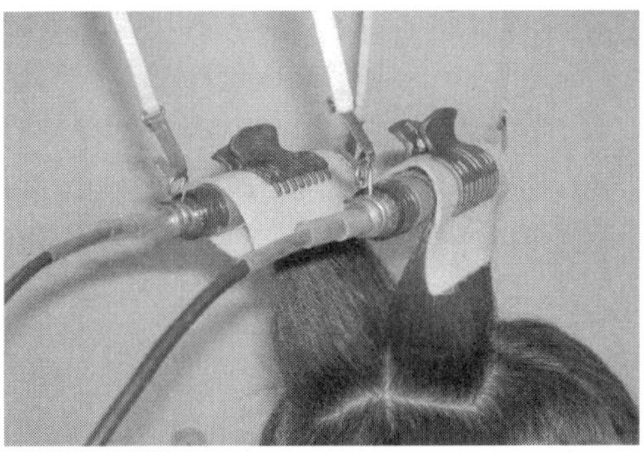

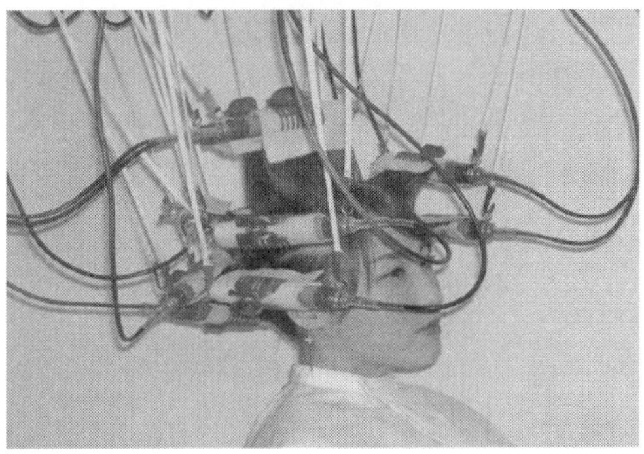

⑩ 셋팅기 전원을 본체의 열 스위치를 켜서 방치 시간을 둔다.

- 롯드 열 처리 방치 시간
  - 극 손상모 : 6 ~ 8분
  - 손상모 : 8 ~ 12분
  - 건강모 : 12 ~ 15분
  - 뜸을 들이기 위해 5 ~ 10분 정도 방치한다.

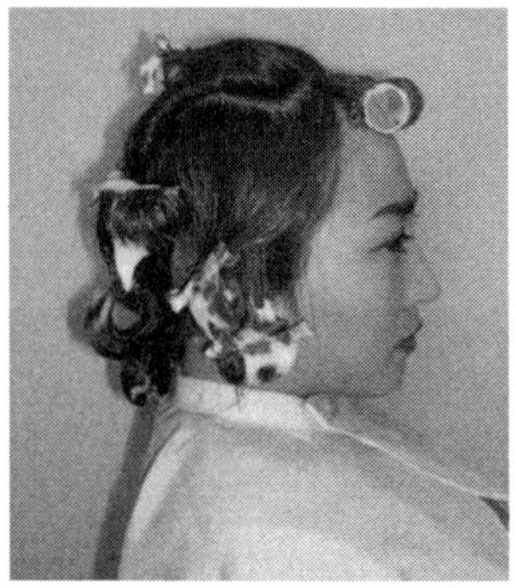

⑪ 2제 중화제를 도포한다. 컬을 돌돌말아 핑컬 핀을 꽂거나 롯드에 말아 중화한다.

⑫ 2차에 걸쳐 10분 방치를 한다.

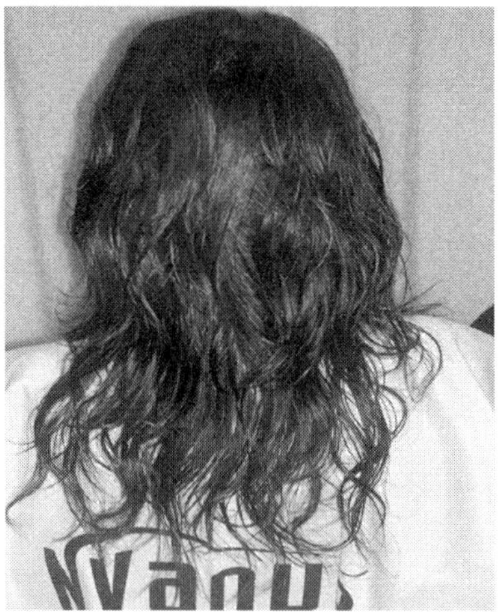

⑬ 린스를 도포하여 깨끗이 헹군다(중화액이 남아 있으면 퇴색의 우려가 있으므로 주의한다.).

⑭ 마무리 제품을 도포하여 냉풍에서 모발을 건조시킨다(뜨거운 열은 모발을 부스스하게 만든다.).

Point 롱 헤어에 적합하며 웨이브의 형성이 큰 컬을 원할 때, 탄력 있는 컬을 원할 때, 언더라인의 컬을 부각시키고 싶을 때 시술한다.

2) 매직 스트레이트 펌

- 깨끗하고 단정한 스타일로 차분하고 윤기가 나며 매끄러운 느낌이 나는 펌 기법이다.

(1) 사용 도구

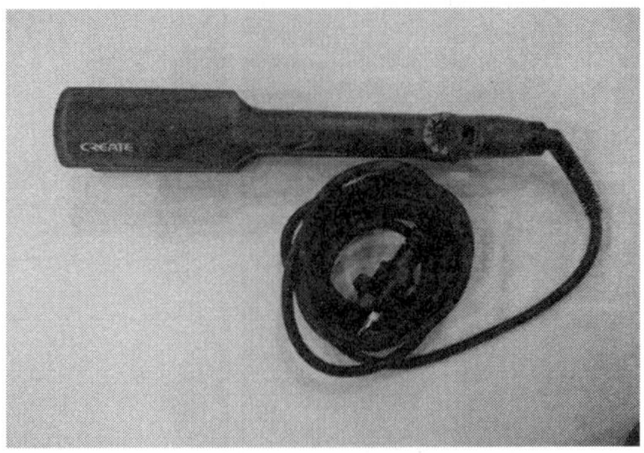

(2) 펌 순서

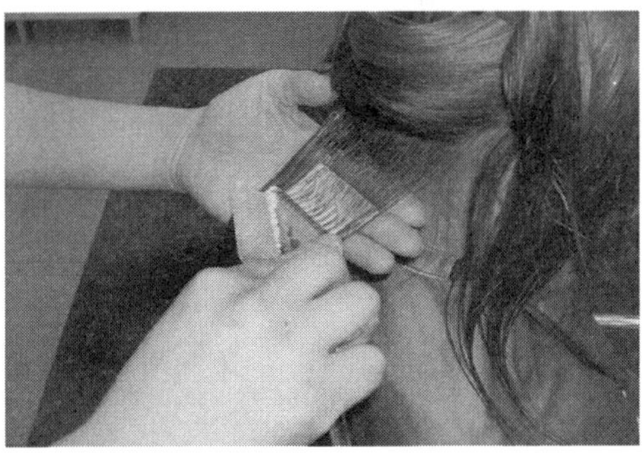

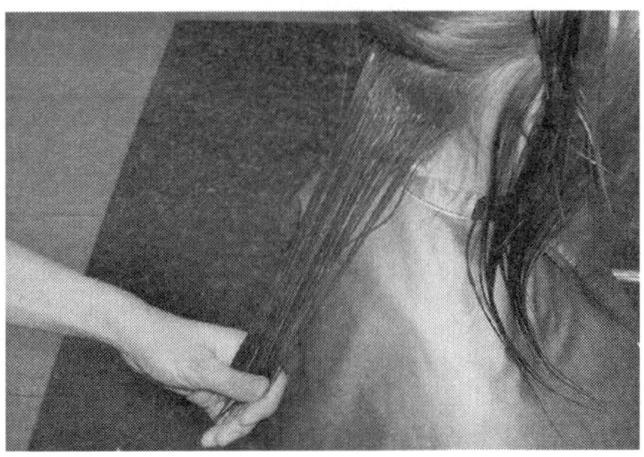

① 모발에 더러움을 없애고 약액을 촉진시키기 위해 샴푸를 한다.

② 타월 드라이 후 모발 진단을 한다.
(손상모와 극손상모는 전처리를 한 후 시술한다.)

③ 매직 스트레이트 펌에 필요한 도구를 준비한다.

④ 모발 상태에 따라 1제를 도포한다.

⑤ 수분이 없는 모발은 큐티클이 닫혀 약액의 흡수를 방해하므로 수분이 있는 상태에서 약액을 도포한다.

- 자연 방치 시간 :
  - 극손상모 : 8~12분
  - 손상모 : 12~15분
  - 건강모 : 15~20분
- 열펌에서 열 처리를 많이 하면 단백질 변성이 일어나므로 강모일 때만 열 처리를 한다.

⑥ 테스트 보기 모발을 조금 쭉 당겨 보고 끊어지지 않고 스프링 모양이 나오면 연화가 된 상태이다.

⑦ 연화시킨 모발을 깨끗이 헹군다.
(모발에 남아 있는 약액을 없애고 트리트먼트 효과를 극대화시키기 위해)

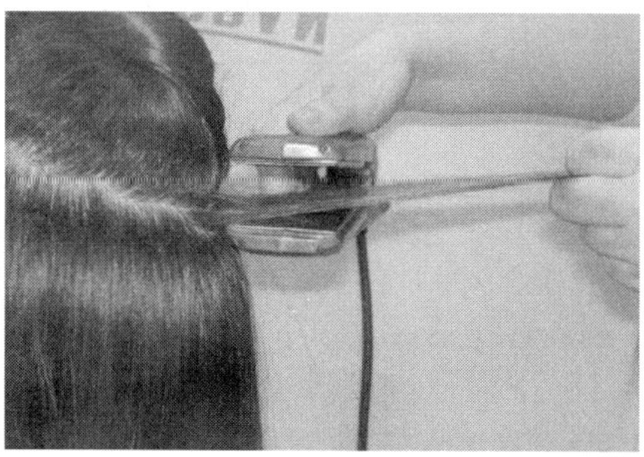

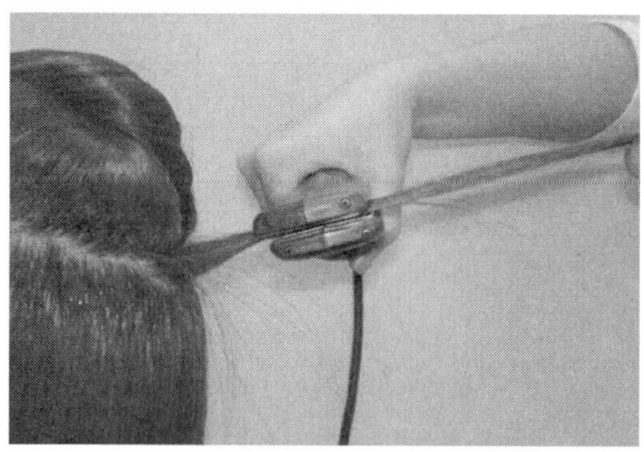

⑧ 모발의 섹션은 넓이는 매직기 크기만큼, 양은 0.5~1 정도 잡고 뿌리는 90°로 세워서 뿌리가 꺾이지 않도록 펴준다.

⑨ 모발 중간부터 꼬리빗을 끼워 매직기와 같이 어주며, 끝부분은 뻗치지 않도록 각도를 다운시켜서 펴준다.

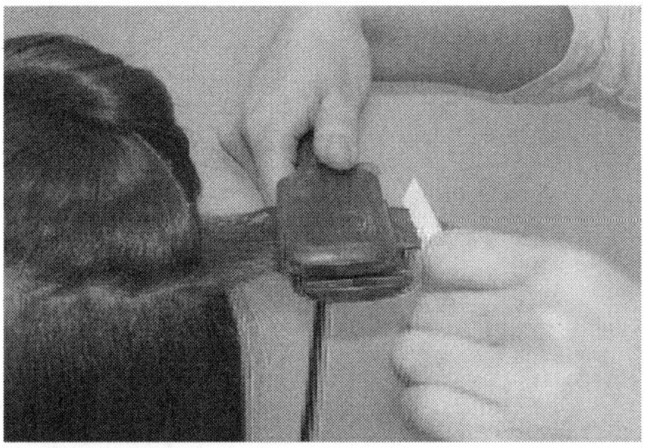

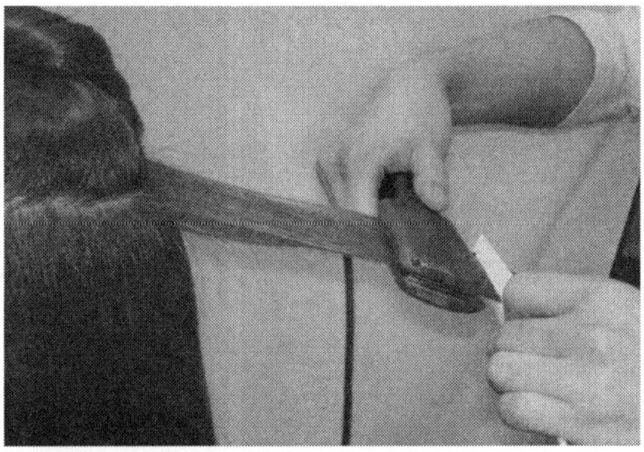

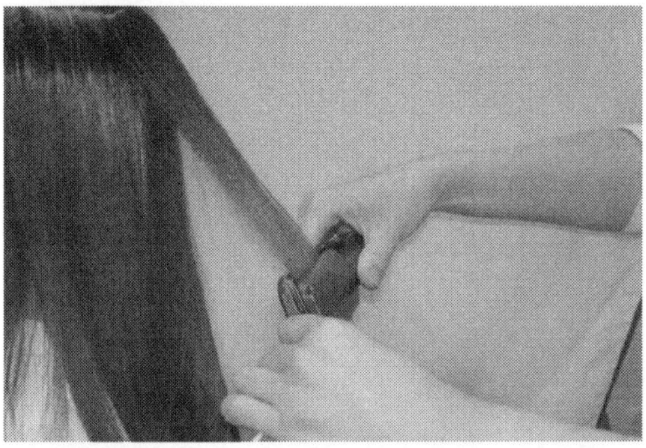

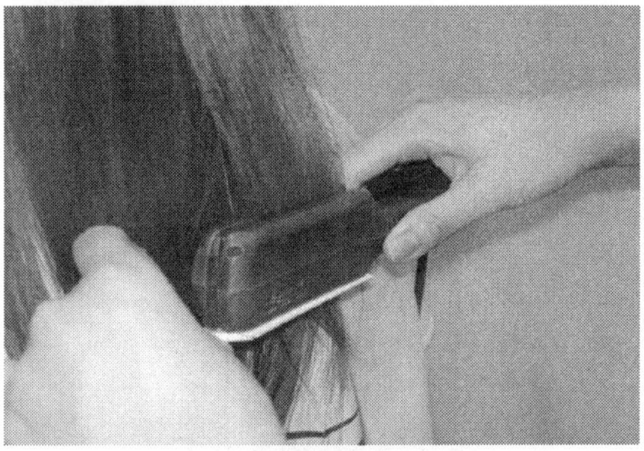

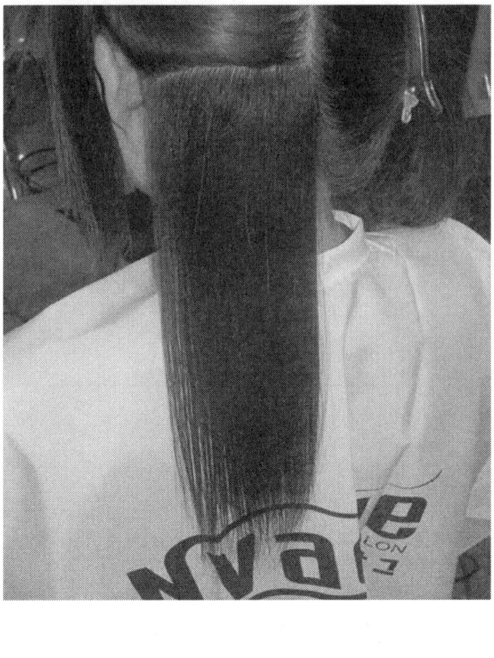

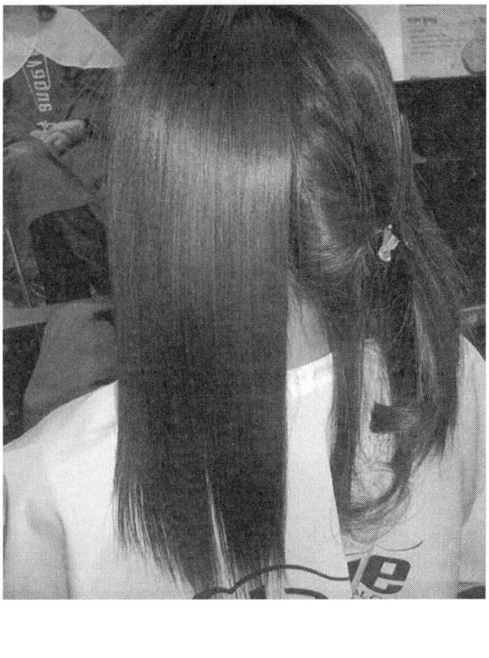

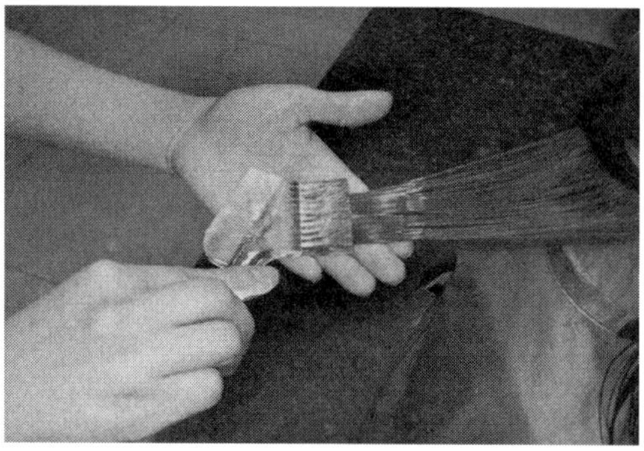

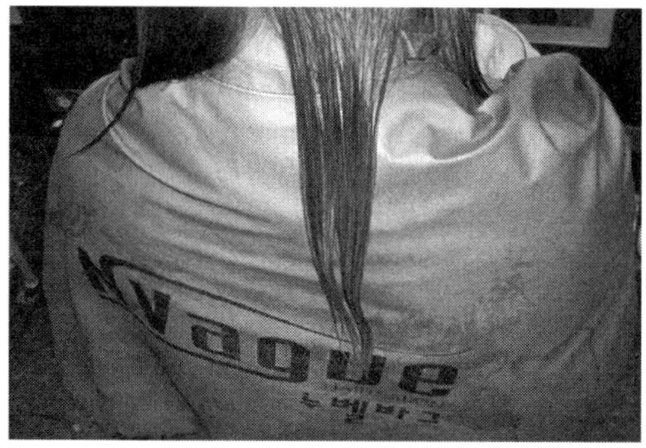

⑩ 2제 중화제를 도포한다. 2차에 걸쳐 10분 방치를 한다.

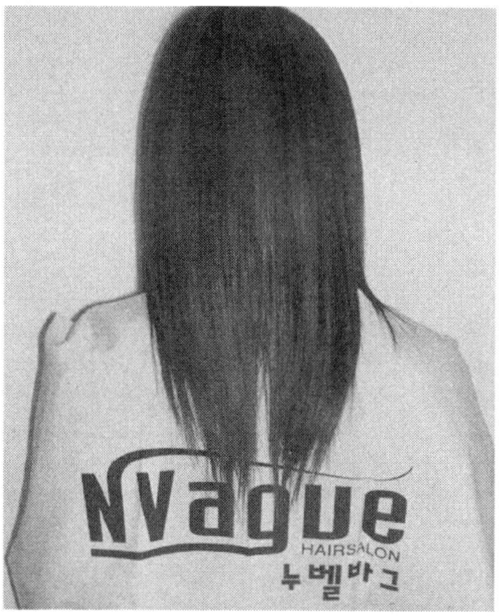

⑪ 린스를 도포하여 깨끗이 헹군다.
(중화액이 남아 있으면 퇴색의 우려가 있으므로 주의한다.)

⑫ 마무리 제품을 도포하여 냉풍에서 모발을 건조시킨다.
(뜨거운 열은 모발을 부스스하게 만든다.)

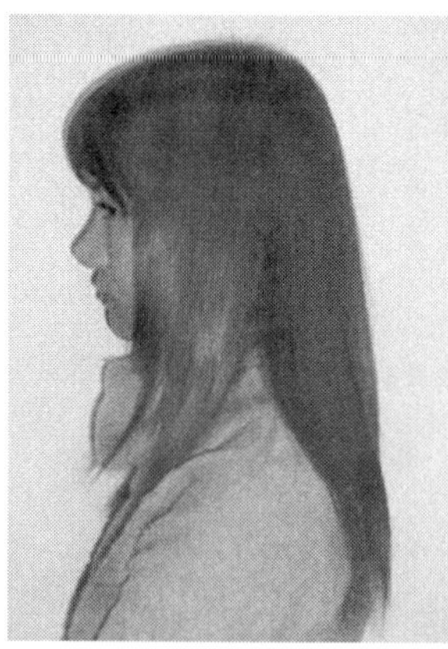

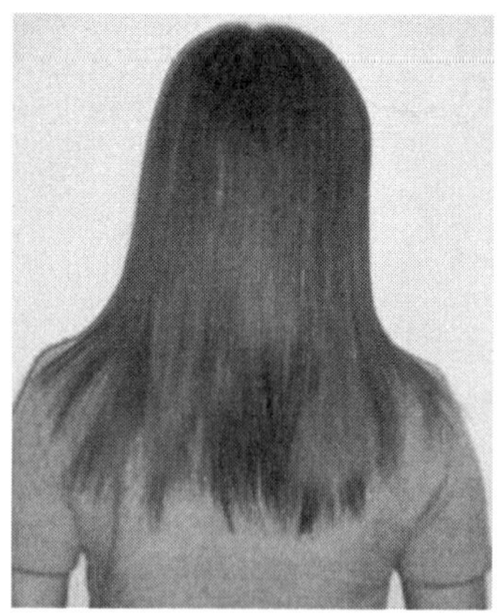

Point 깔끔하고 깨끗한 스타일로 일반 스트레이트보다 차분하면서 윤기 있는 머릿결을 표현하고 곱슬머리를 매끄럽고 차분하게 연출한다.

3. Color

1) 섹셔닝(Sectioning)

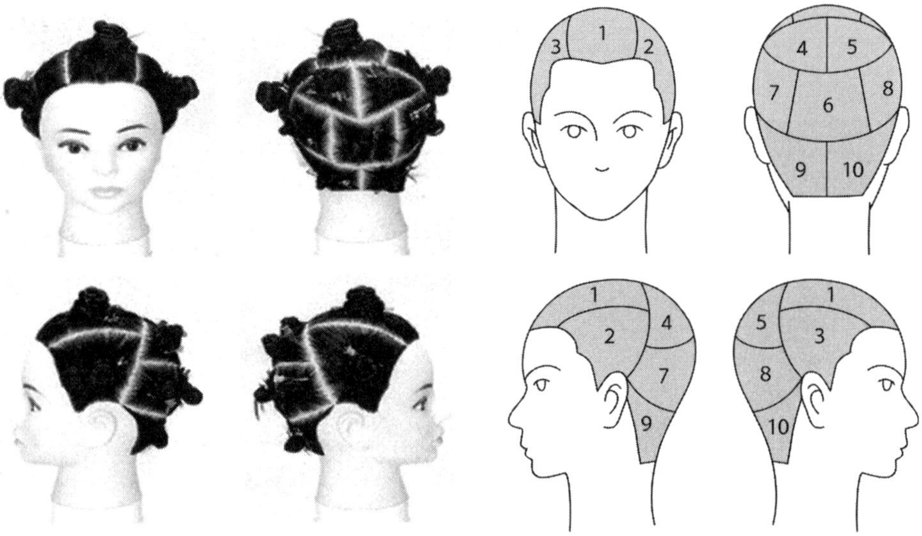

10섹션

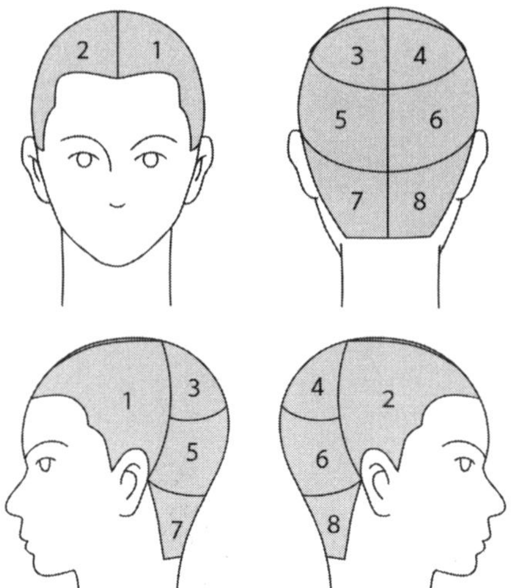

8섹션

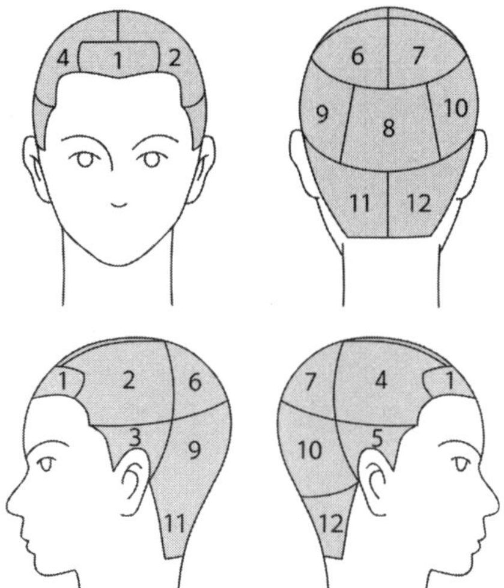

12섹션

2) 위빙(Weaving)

〈2mm 폭 · 2mm 간격〉

〈3mm 폭 · 7mm 간격〉

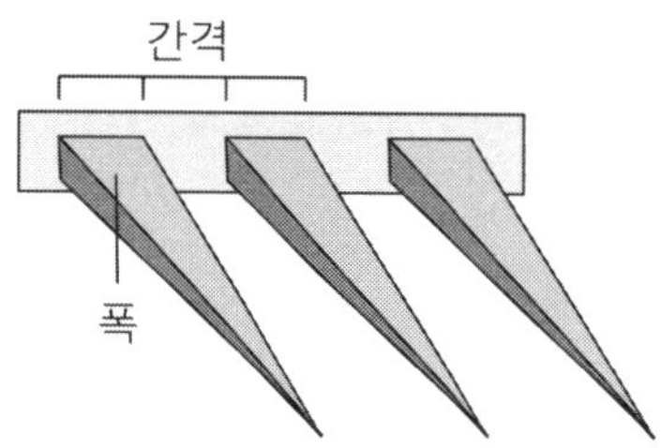

〈5mm 폭 · 5mm 간격〉

〈10mm 폭 · 10mm 간격〉

● 알루미늄 호일을 이용한 위빙 (3mm 폭, 7mm 간격)

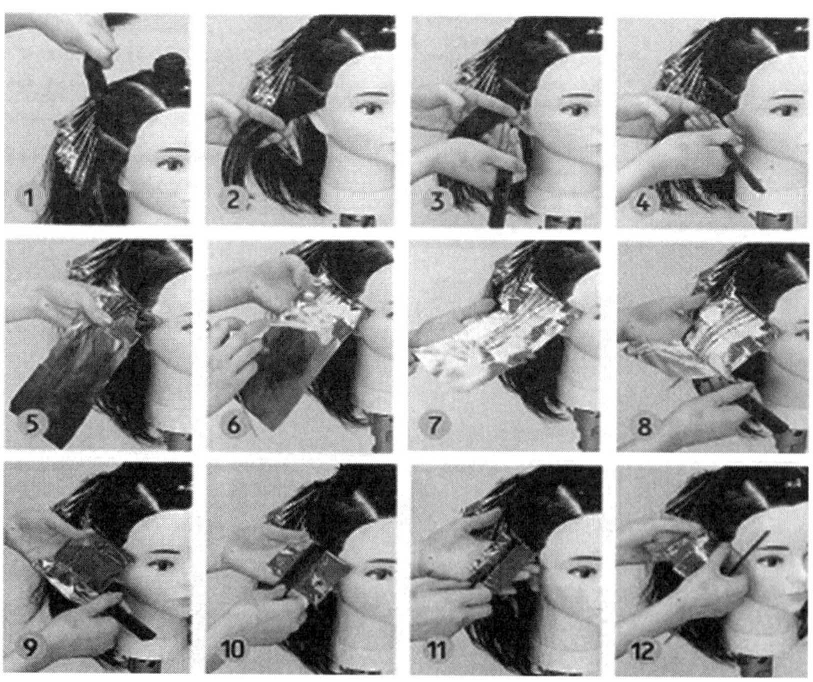

● 셀로판 페이퍼를 이용한 위빙 (5mm 폭, 5mm 간격)

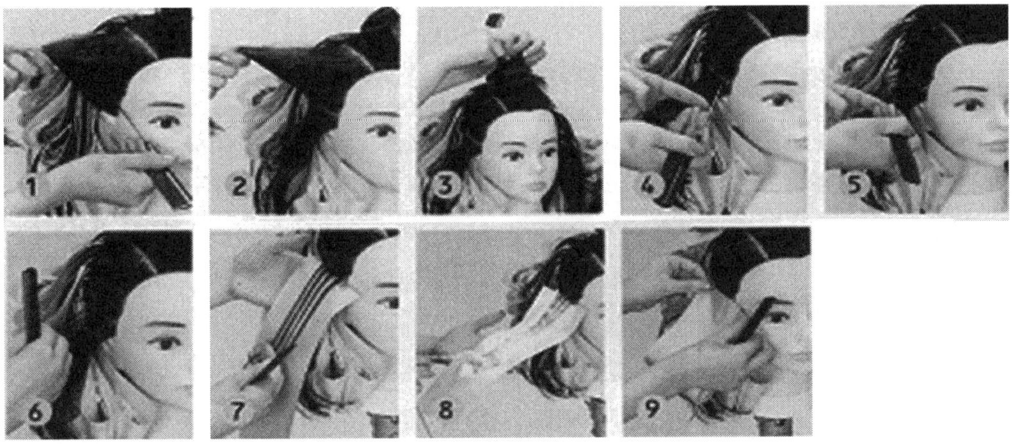

● 칩(폭)을 잡는 위치

● 알루미늄 호일을 절취하는 방법, 접는 방법

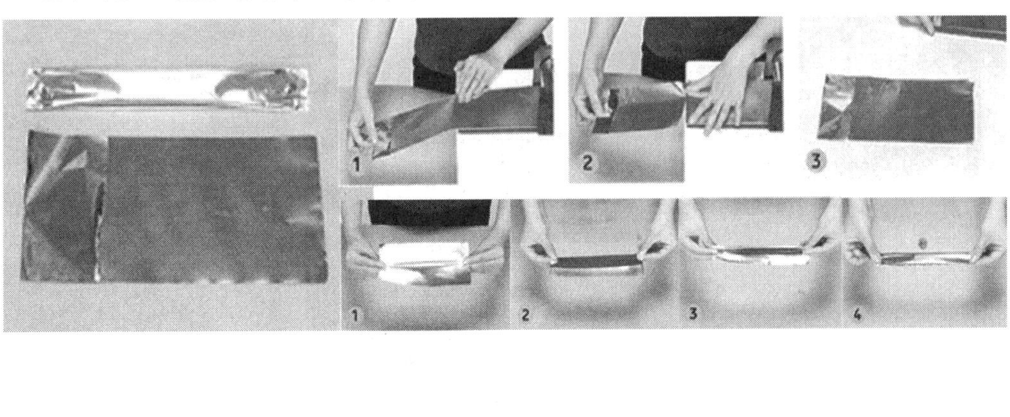

3) 슬라이싱(Slicing)

● 평행 슬라이싱

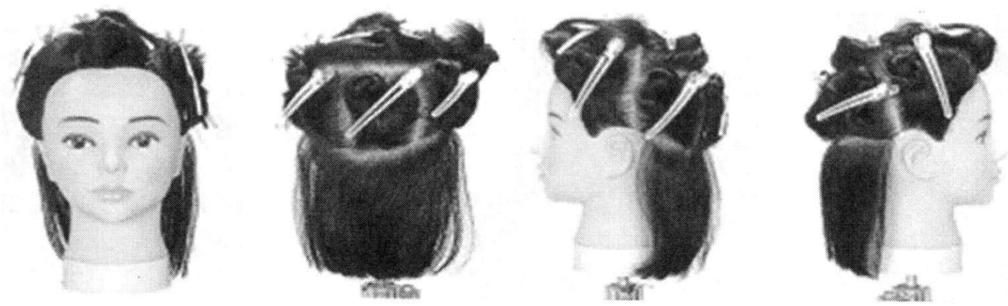

섹셔닝

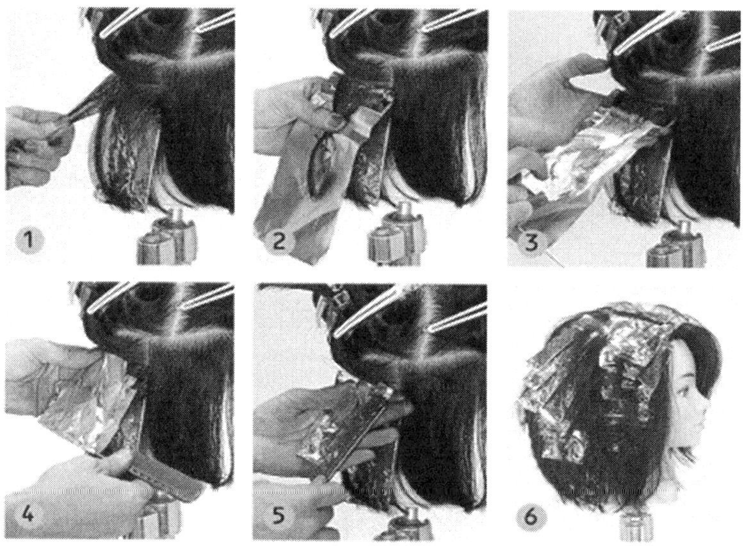

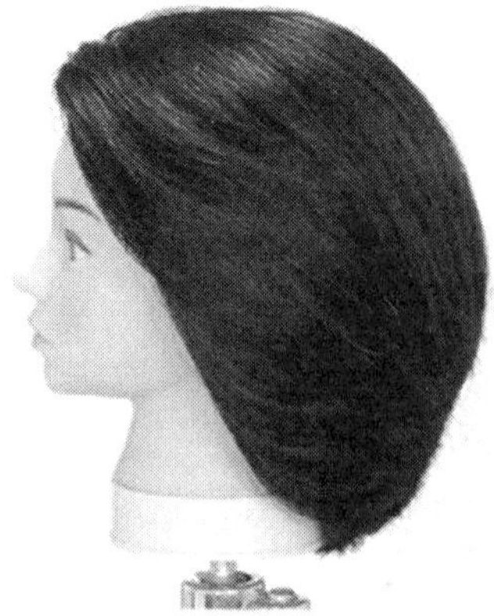

대각선 슬라이싱

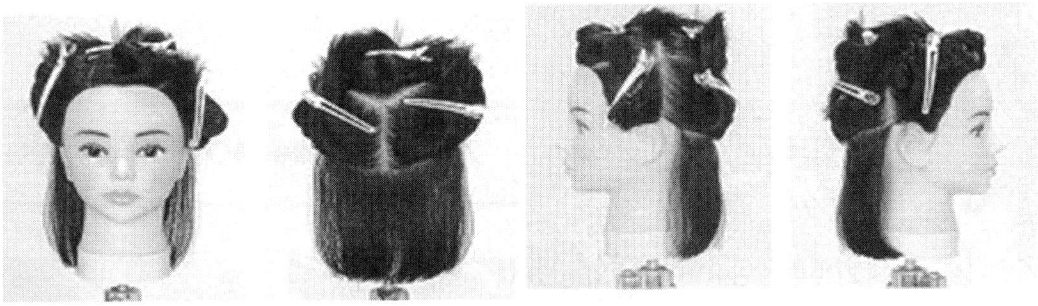

섹셔닝

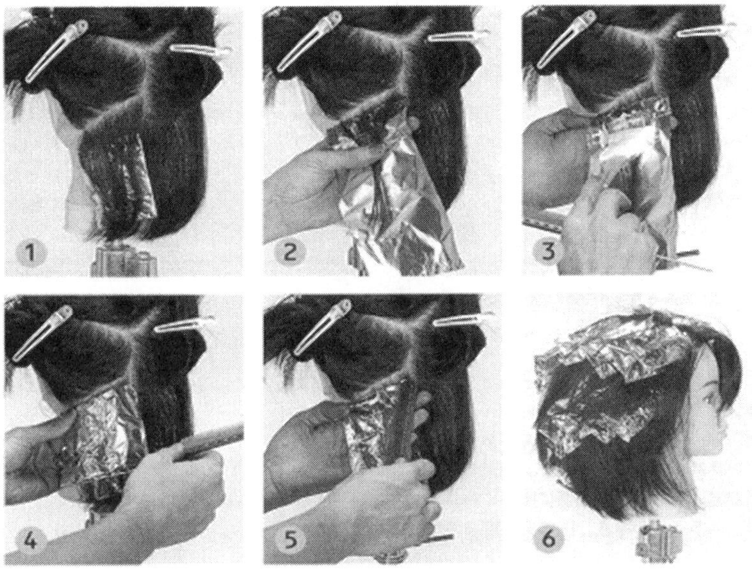

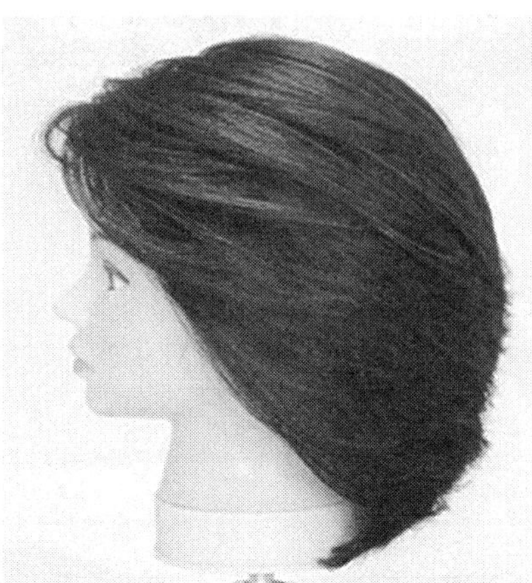

4) 바레아쥬(Balayage) 테크닉

모발의 표면에 끝자락을 중심으로 컬러링되는 기법으로 스피디하게 진행되고 모발이 자라도 자연스런 기법

● 스펀지 바레아쥬 테크닉

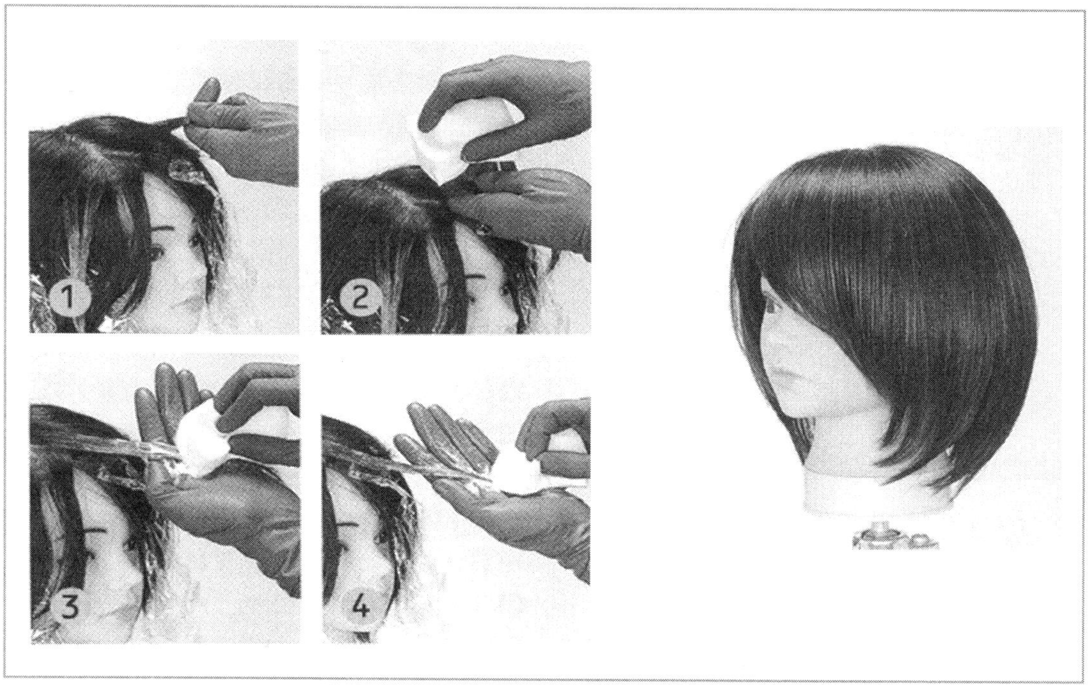

● 콤 바레아쥬 테크닉

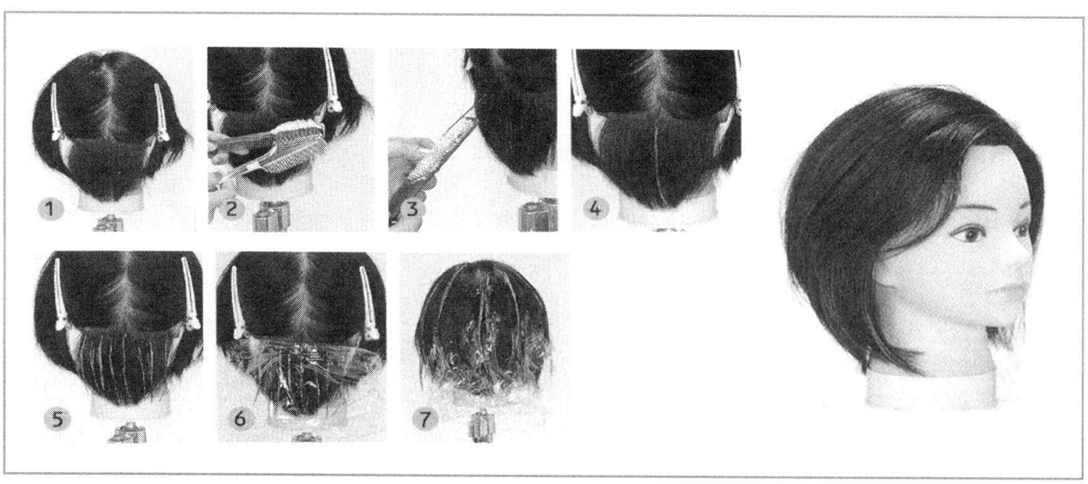

V- 바레아쥬 테크닉

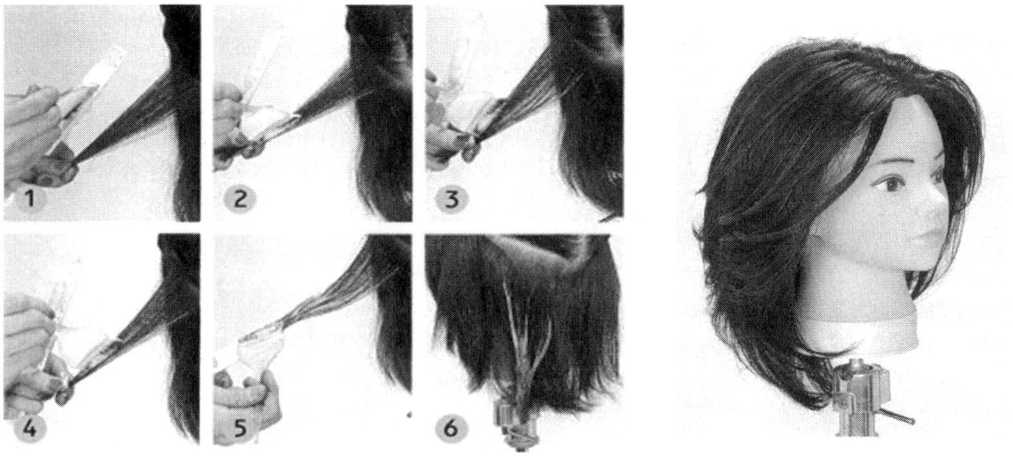

방드 데시네(Bande Dessinee)

5) 호일로 효과를 낸다

(1) 하이라이트 & 로우라이트

베이스 커트에 따라 컬러가 다르게 보이는가?

헤어스타일은 모발의 떨어지는 무게에 따라서 구성되어 있다. 컬러링을 하기 위해서는 먼저 커트의 구조를 이해해야만 효과적인 하이라이트 & 로우라이트를 넣을 수 있다. 여기에서 베이스 커트의 차이로 하이라이트가 어떻게 변하는가를 비교한다.

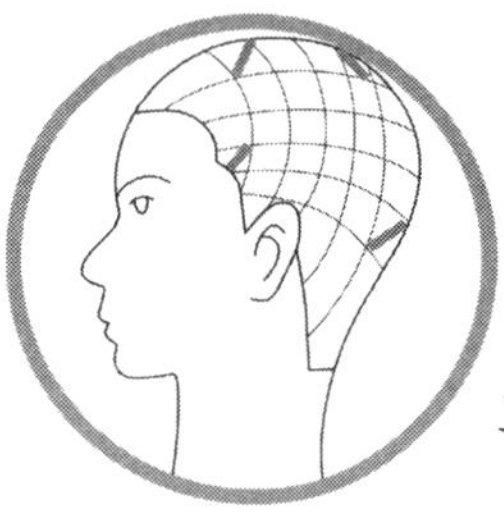

그라데이션과 세미레이어는 같은 장소에 호일이 들어간다.

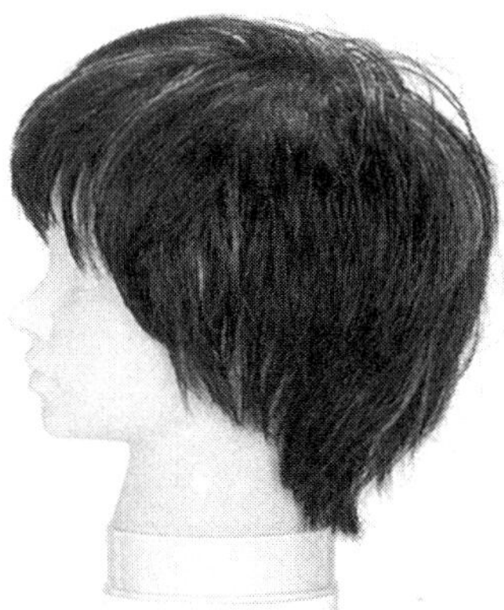

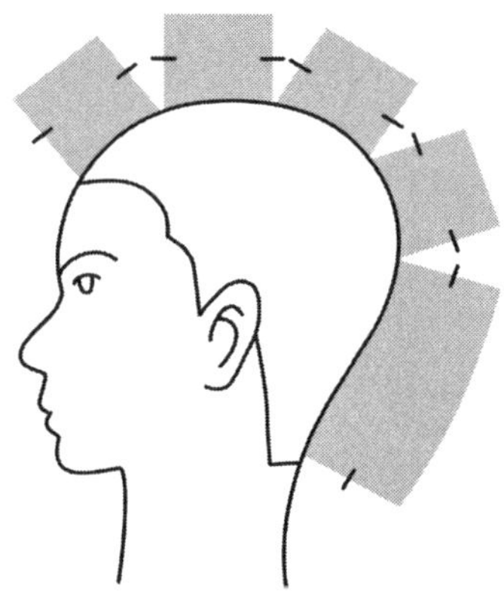

세미 레이어

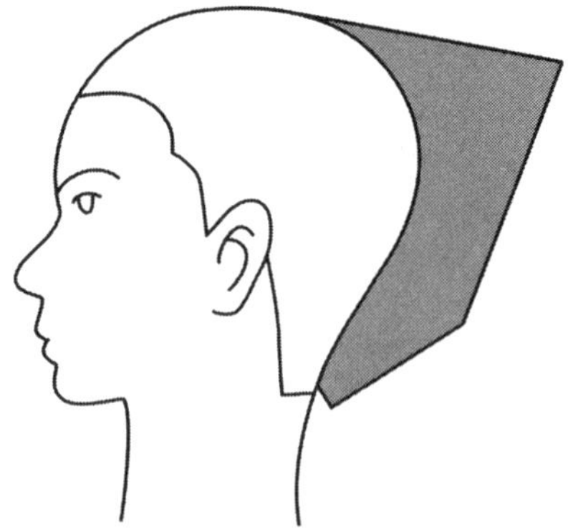

그라데이션

(2) 효과적인 호일의 위치는?

- 우선은 두상을 상하 좌우 4등분으로 나눠서 섹션마다 효과적인 위치를 파악한다. 상하는 머리둘레로 나누고, 좌우는 이어 투 이어로 나눠 생각한다.

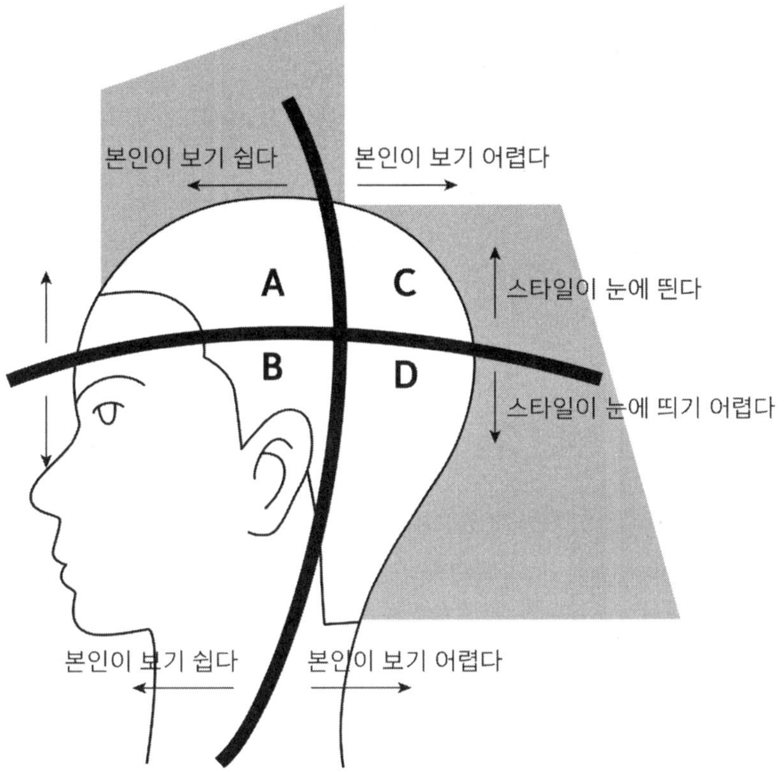

- A~D 섹션의 특징

A : 본인이 보기 쉽고 스타일에서도 눈에 띄기 쉽다.
B : 본인이 보기 쉽지만 스타일에서는 눈에 띄기 어렵다.
C : 본인이 보기 어렵지만 스타일적으로는 눈에 띄기 쉽다.
D : 본인도 보기 어렵고 스타일적으로도 눈에 띄기 어렵다.

- 본인에게 잘 보이는 위치는 A, B
- 스타일적으로 눈에 띄는 위치는 A, C

● 호일 웍을 행할 때는 앞의 4등분 섹션을 그 위에 9등분으로 블록을 나눈다. 아래 그림의 섹션을 예로 보고 간다.

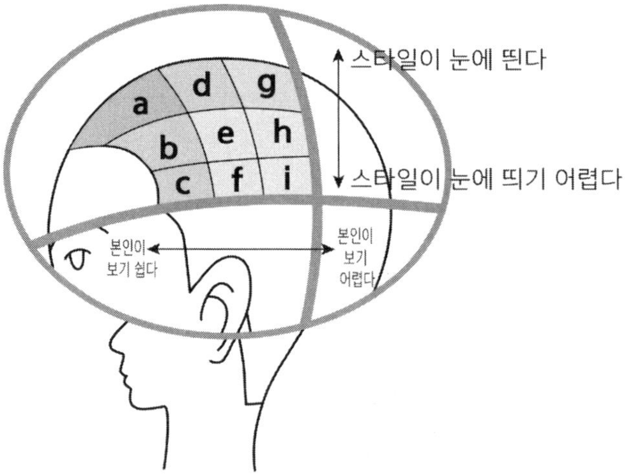

● 훼이스트 라인과 모히칸 라인은 효과가 높은 위치, 본인에게 보이는 위치는 a, b, c, 스타일적으로 눈에 띄는 위치는 a, d, g이다. 다시 말해 a, b, c, d, g에 하이라이트를 넣으면 효과가 높다. 그중에서도 a 위치는 본인에게 보이는 것이나 스타일적으로 가장 효과가 높은 위치라고 말할 수 있다.

(3) 슬라이스를 잡는법과 모류의 관계성은?

슬라이스를 후대각으로 잡는다.
리버스의 모류에 대해서 하이라이트는 라인으로 보이고 그 외의 모류에 대해서는 면으로 보인다.

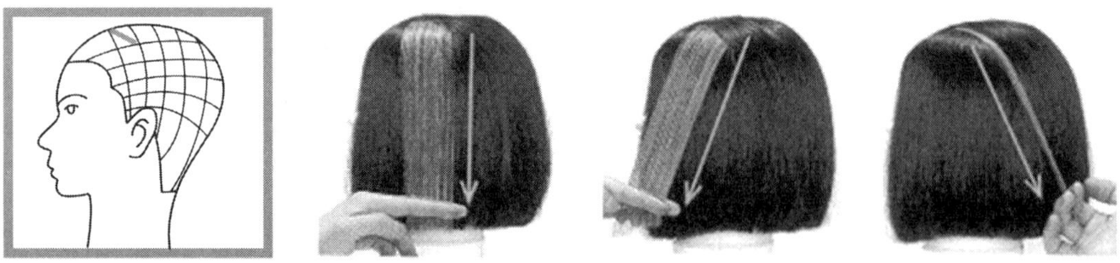

슬라이스를 전대각으로 잡는다.
포워드의 모류에 대해서 하이라이트는 라인으로 보이고 그 외의 모류에 대해서는 면으로 보인다.

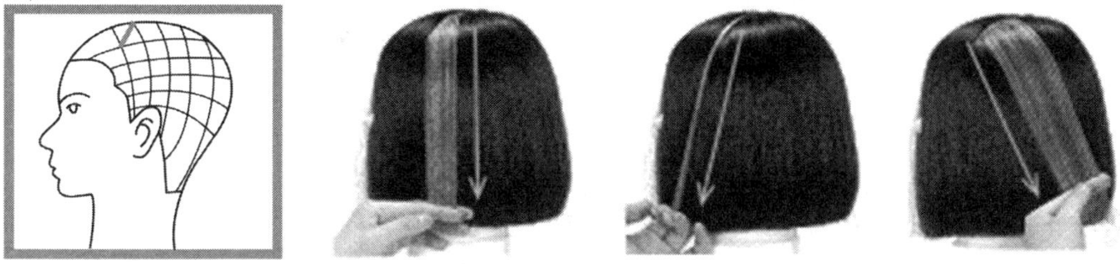

- 슬라이스를 사선으로 잡은 경우도 슬라이스를 넣는 방향에 모류를 만들면 하이라이트는 라인으로 보이고 그것 이외는 면으로 보인다. 다시 말해 모류를 의식해서 하이라이트를 넣지 않으면 라인으로서 포인트 컬러 같이 들어감이 면으로 되어 보이므로 주의가 필요하다.

슬라이스를 종으로 잡는다.
아래로 향하는 모류에 대해서 하이라이트는 라인으로 보이고 그 외의 모류에 대해서는 면으로 보인다.

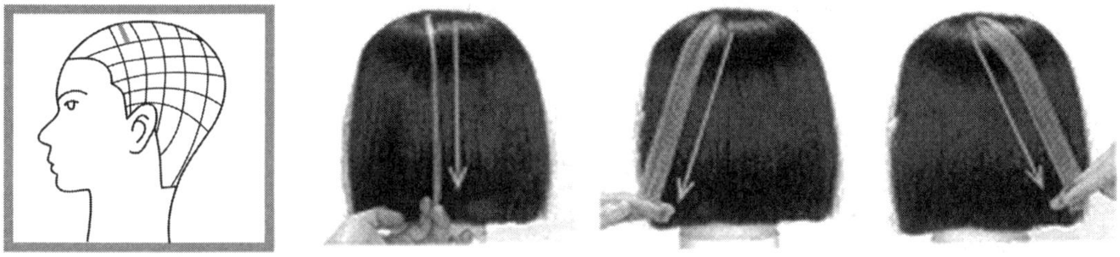

슬라이스를 횡으로 잡는다.
모류는 어느 방향에서도 하이라이트는 면으로 보인다.

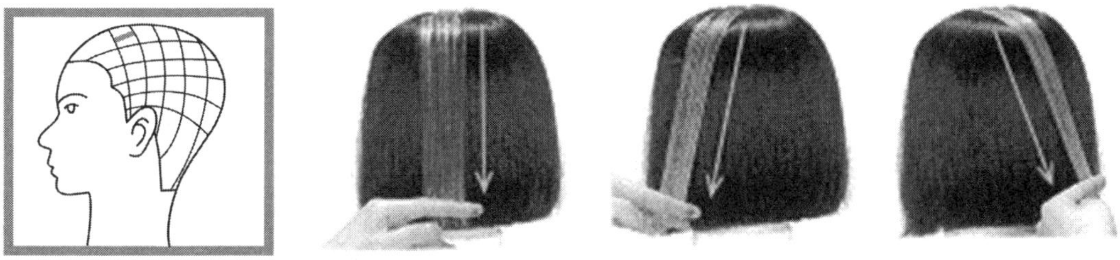

- 모류와 같은 방향의 슬라이스를 잡으면

슬라이스를 횡으로 잡은 경우, 모류의 방향에 관계하지 않고 하이라이트가 보이는 방법은 변하지 않지만 슬라이스를 종으로 잡은 경우, 슬라이스를 넣는 방향에 모류를 만들면 하이라이트는 라인으로 보이고 그것 이외는 면으로 보인다.

(4) 베이스 커트에 효과적인 호일 웍은?

- 그라데이션

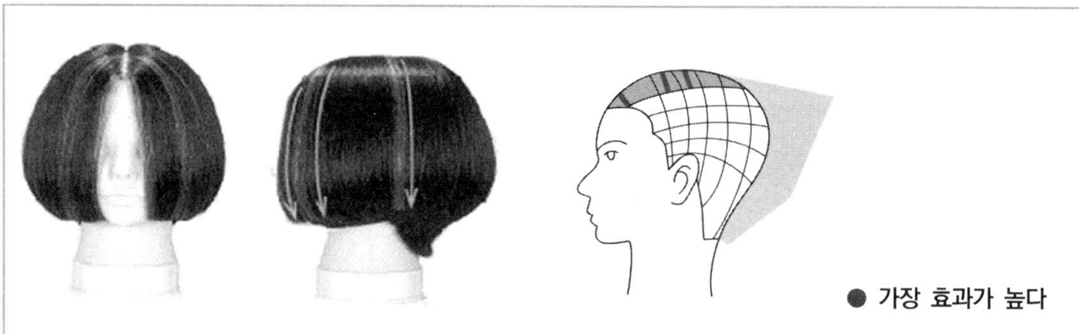

모발의 겹침이 많고 모선의 폭도 작으므로 스타일의 표면에서 하이라이트를 넣으면 좋다. 표면에 들어가는 경우는 얼굴 라인에서 보다 가까운 위치에 들어가면 본인에게 하이라이트가 잘 보인다. 아래로 향하는 모류에 대해서 슬라이스를 종으로 잡고 하이라이트는 라인으로 보인다.

- 세미레이어

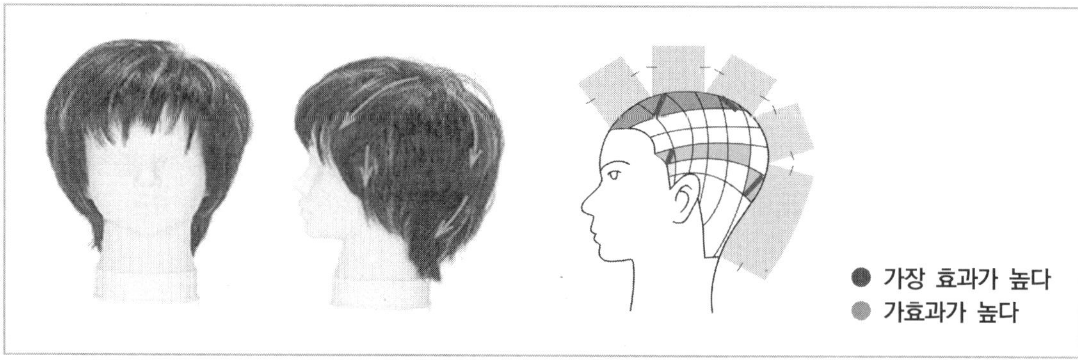

모발의 상・하의 섹션에서는 모발의 겹침이 거의 없으므로 위의 섹션의 표면과 아래 섹션의 윗부분에 하이라이트가 들어가면 좋다. 후두부에 관해서는 전두부에 비교해 두상의 각도가 급하게 되어 있으므로 아래 섹션에 덮이는 모발의 양이 증가한다. 후두부는 아래 섹션의 중간 부분에 하이라이트를 넣으면 효과가 잘 나타난다. 포워드와 리버스의 모류에 대해서 슬라이스를 앞으로 떨어지면 앞으로 올라가게 잡고 하이라이트는 라인으로 보인다.

레이어

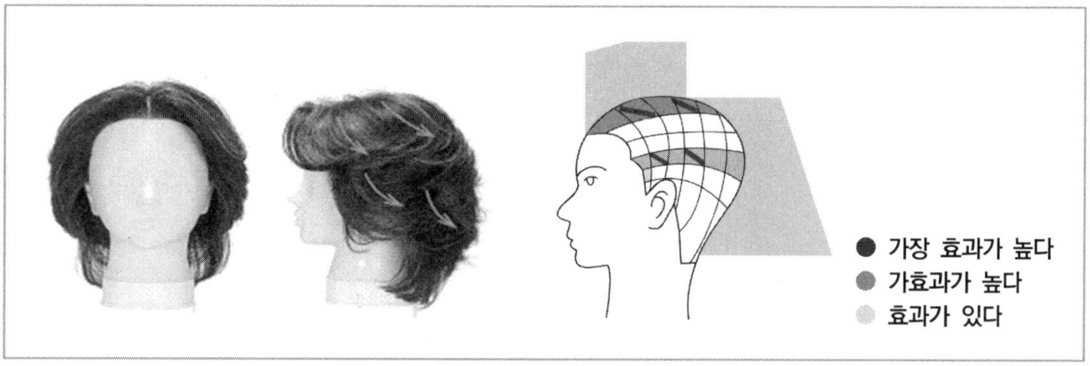

세미레이어에서 비교하면 위와 아래 섹션의 모발 겹침이 있으므로 가장 효과가 높은 하이라이트 위치는 스타일 표면이다. 다만, 아래 섹션의 상부도 모선의 폭이 있으므로 하이라이트를 넣으면 효과적이다. 리버스의 모류에 대해서는 앞 아래에 슬라이스를 잡고 하이라이트는 라인으로 보인다.

(5) 슬라이스 폭으로도 보는 방법은 바뀐다.

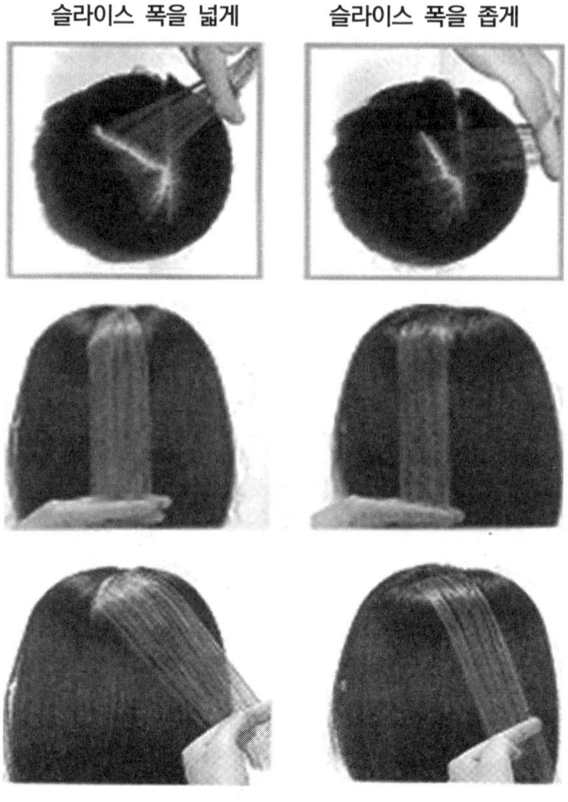

모류를 생각하지 않고 슬라이스 폭을 결정하면, 의도한 컬러링을 할 수 없을 뿐 아니라 모발에 손상을 주게 된다. 그 때문에 슬라이스 폭을 계산하는 것은 중요하다. 여기에서 슬라이스 폭을 바꿔서 호일-웍을 했을 때 하이라이트의 보여지는 방법을 비교해보자.

모류가 아래로 향하는 경우는 슬라이스 폭이 넓거나 좁아도 하이라이트로 보여지는 면적은 변하지 않는다. 그러나 리버스 모류에 대해서 슬라이스 폭이 넓어지는 쪽이 하이라이트의 보이는 면적은 넓어진다.

슬라이스 폭과 모류가 깊은 관계를 갖고 있는 것을 알 수 있다.

(6) 테크닉

① Flame Balayage - V shape

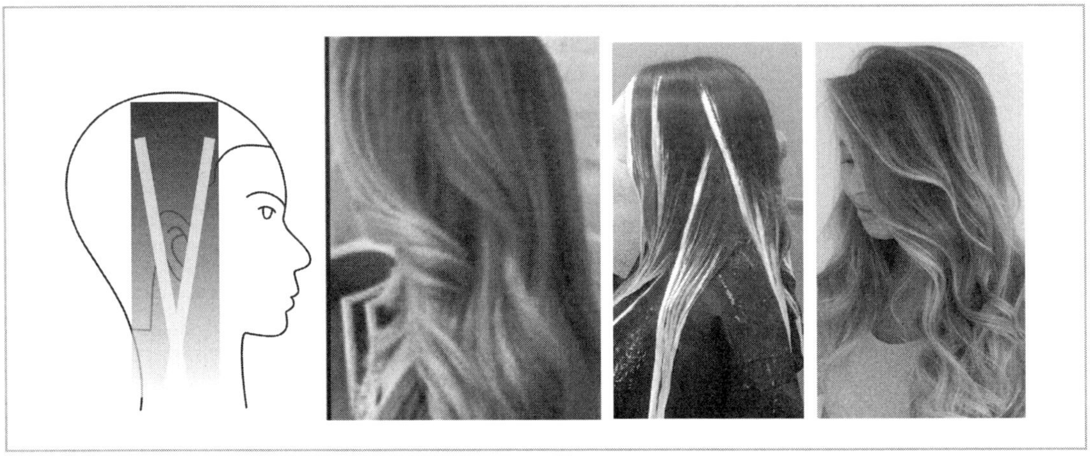

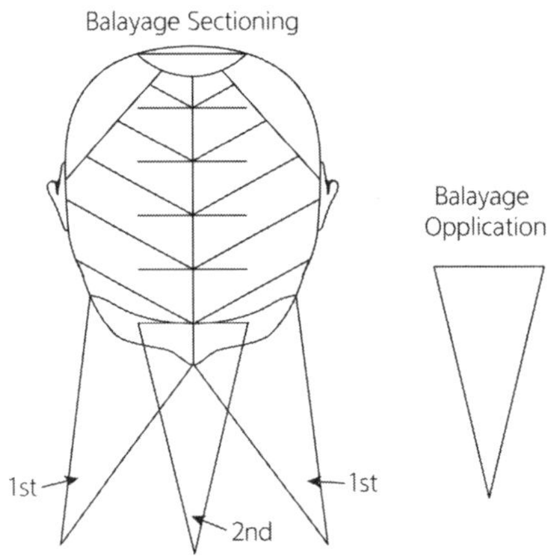

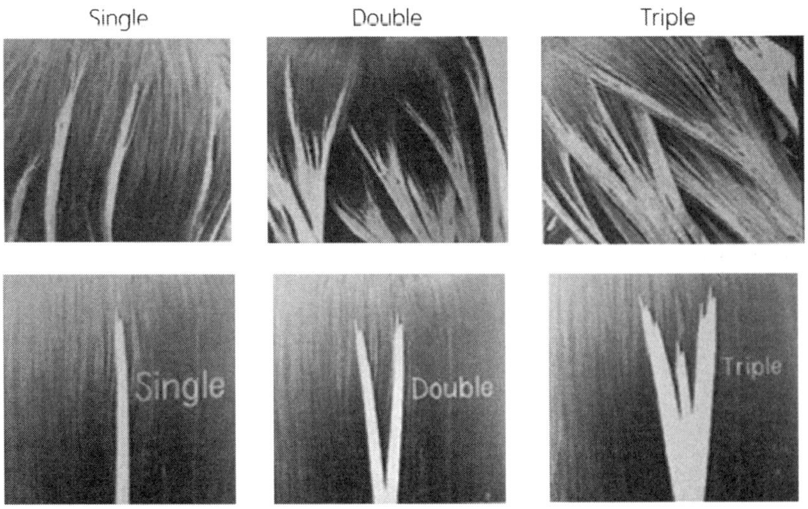

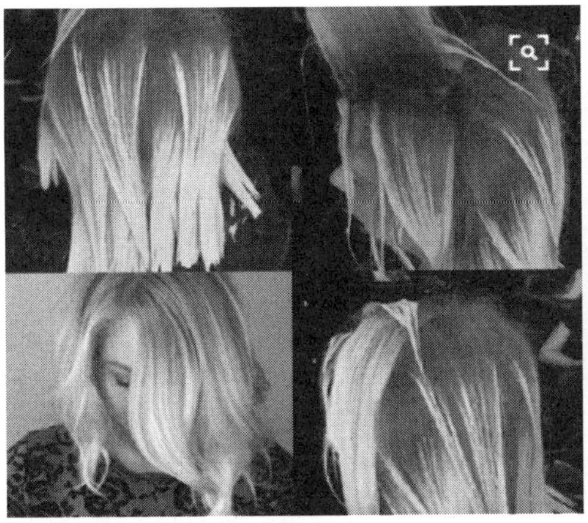

② Ombre - hard line

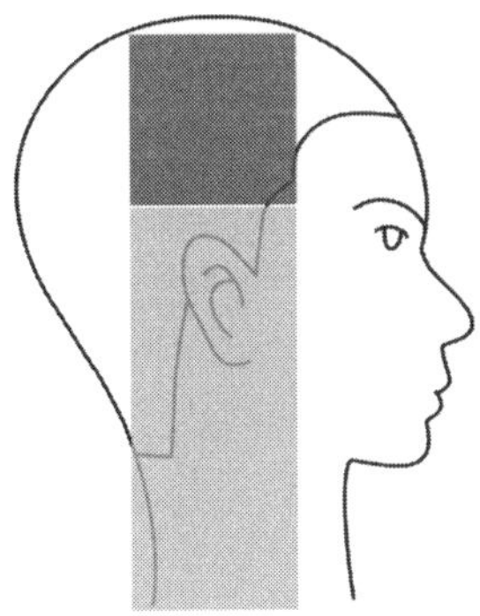

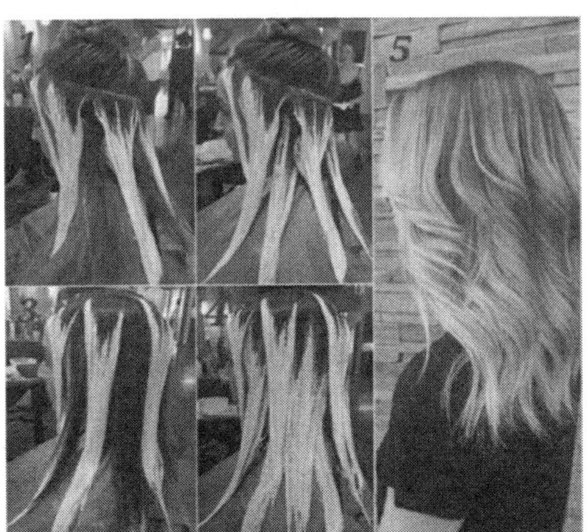

③ Balayage - freestyle

4. Dry(아이론)

Front

Left

Back

Right

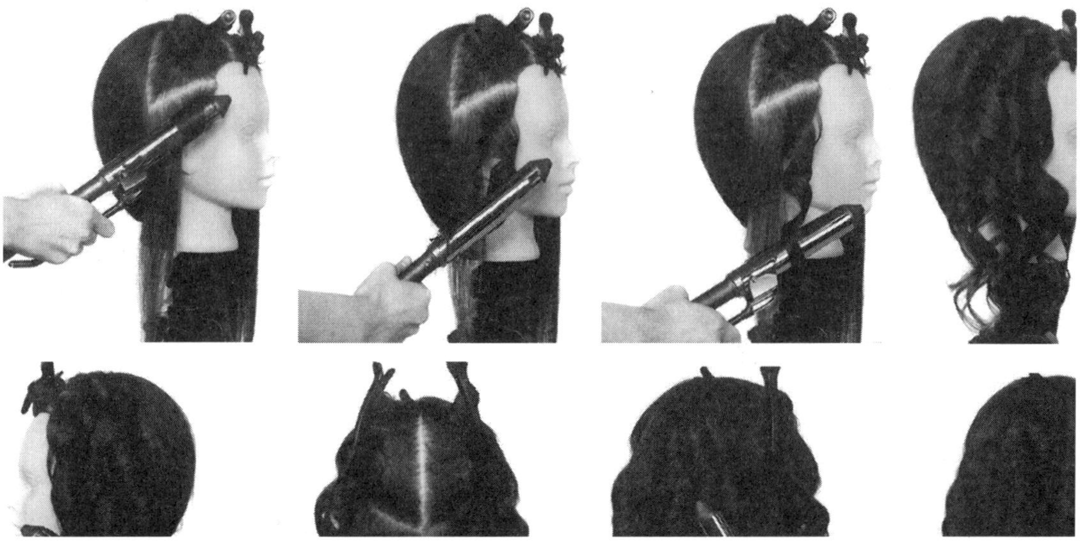

Chapter

07 Basic style 2 - Medium hair style

1. Cut

1) Section

(1) 스타일링(Styling)

- 3분의 1지점의 볼륨감
- 앞머리(Fringe) 길이에 따른 정면 Design
- Cut line 쪽의 볼륨감 형성

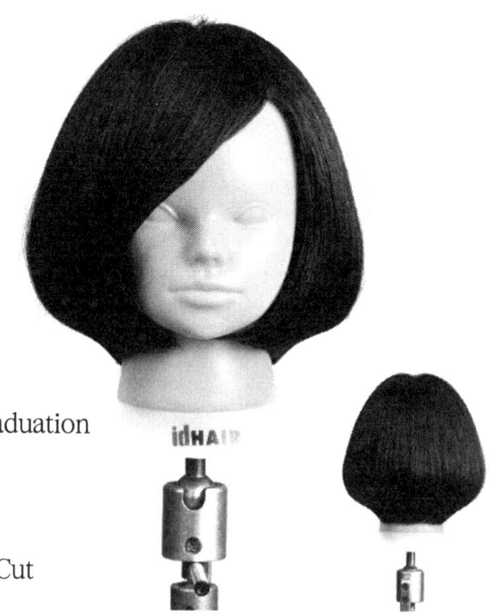

(2) 디자인(Design)

- 수평(Horizontal section)을 이용한 Low graduation
- 완만한 Cut line
- Weight 조절
- 두상 곡면에 따라 이동하여 Round 형태로 Cut

(3) 그레쥬에이션(Graduation)

모발에 무게감과 볼륨감을 형성하는 테크닉이며, 모발 끝이 모여 자연스런 단차를 이루면서 쌓여있다.

크게 로우 그레쥬에이션(Low Graduation), 미디움 그레쥬에이션(Medium Graduation), 하이 그레쥬에이션(High Graduation)으로 나눌 수 있다.

① 그레쥬에이션의 구조(Graduation Structure)

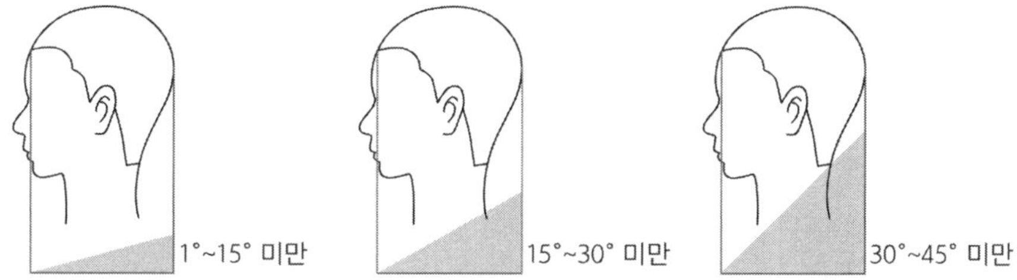

로우 그레쥬에이션 Low Graduation | **미디움 그레쥬에이션** Medium Graduation | **하이 그레쥬에이션** High Graduation

② 그레쥬에이션의 3가지 모양(Three Shape of Graduation)

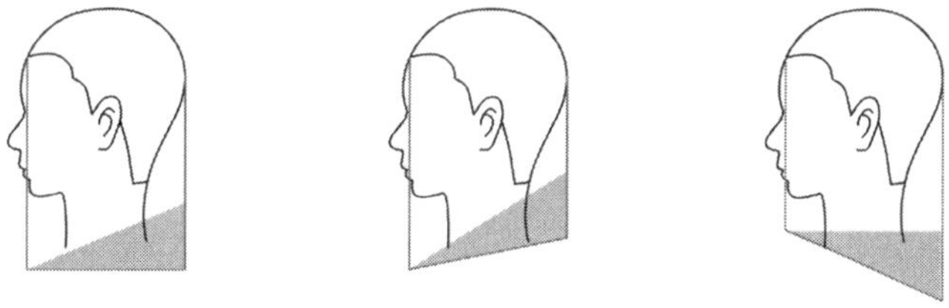

인크리싱-증가(Increasing)
Front 부분에서 Back 부분으로 진행할수록 그레쥬에이션이 증가하는 형태이다.

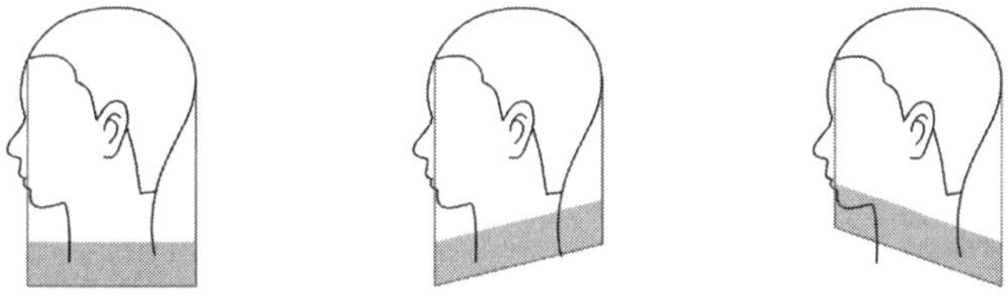

패러럴-평행(Parallel)
두개의 평행선이 Front 부분에서 Back 부분까지 이루어진 그레쥬에이션의 형태이다.

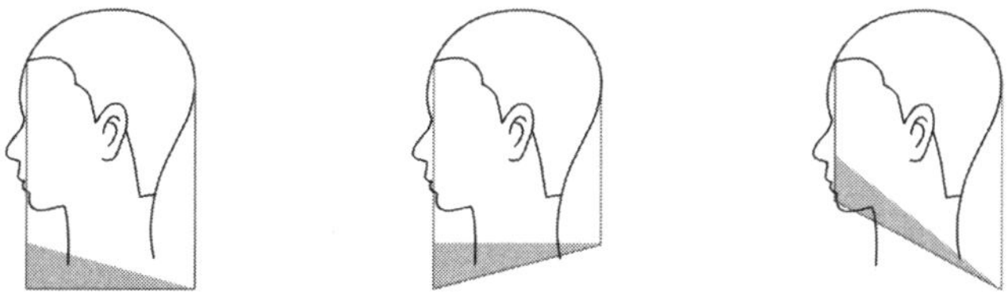

디크리싱-감소(Decreasing)
Front 부분에서 Back 부분으로 진행할수록 그레쥬에이션이 감소하는 형태이다.

③ ADVANCE STYLE

성명		생년월일	년 월 일	방문일	년 월 일
주소				스타일리스트	
핸드폰					

BEFORE / AFTER

평소 헤어 성향 파악을 위해 필요한 정보입니다. 빠짐없이 체크해주세요.

샴프 주기	□ 아침 □ 저녁 □ 아침1번/저녁1번 □ 2일에 1번 □ 기타
원하는 이미지	□ 고급스러운 □ 자연스러운 □ 귀여운 □ 도시적인 □ 개성있는 □ 세련된
원하는 스타일링	□ 스트레이트 □ C컬 □ S컬 □ 웨이브 □ 볼륨 □ 기타________
스타일링 제품 사용 유무	□ YES (제품 종류________) □ NO (이유________)
평소 스타일링 시 고민	□ 모발 □ 두피 □ 스타일링 □ 볼륨 □ 기타________

고객 헤어 정보

헤어 상태	모량	□ 많은 □ 보통 □ 적음
	길이	□ Long □ Medium □ Short
	곱슬	□ 곱슬 □ 파상모 □ 직모
	모질	□ 굵은 □ 보통 □ 가는
	모발 손상도	□ 1 □ 2 □ 3 □ 4 □ 5
	두피	□ 건성 □ 지성 □ 비듬 □ 탈모
메모		

고객 헤어 정보

모발 이력	펌	종류 : ( )개월 전
	볼륨매직	종류 : ( )개월 전
	컬러	종류 : ( )개월 전
	기타	종류 : ( )개월 전
기타	멜라닌	□ 옐로우 □ 블루
	이마	□ 넓다 □ 좁다 □ 돌출 □ M자
	헤어라인	
	피부색	□ 하얀 □ 노란 □ 붉은 □ 어두운
	알레르기	□ YES □ NO

고객 헤어 정보

시술	메뉴	가격	비교
기술내역1			
기술내역2			
기술내역3			
기타사항			

시술 사항

시술 제품명	
다음 제안 내용	
다음 예약일	
추천 제품	

POINT 1
수평(호리존탈) 섹션

POINT 2
F.S.P 기준으로
두상 곡면에 따른 수평 섹션

POINT 1
두상 곡면에 따른 몸 이동
섹션과 손가락 평행

POINT 2
최초 첫 번째 섹션 두상
곡면 45° 섹션이 이동됨에
따라 두상 곡면에 의한
시술 각도 설정

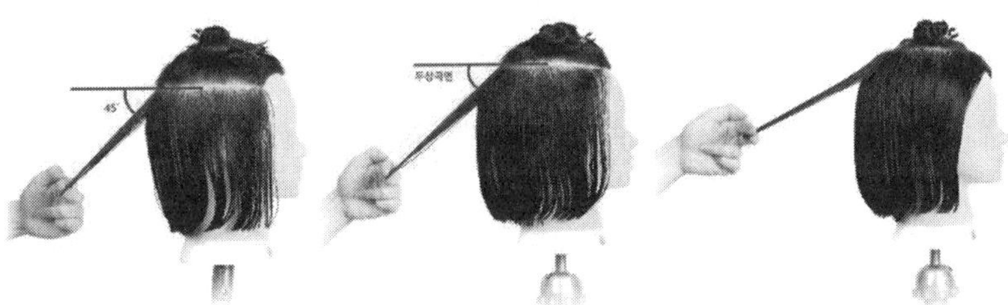

NOTICE B.P까지 섹션 아웃 라인 기장 유지

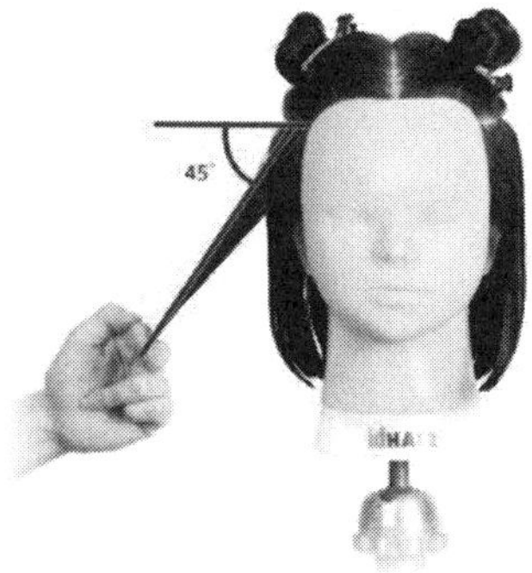

POINT 1
사이드 두상 곡면을 고려한 45° 각도로 커트

POINT 2
두상 곡면에 따른 몸 이동
섹션과 손가락 평행

2. Permanent wave

Front

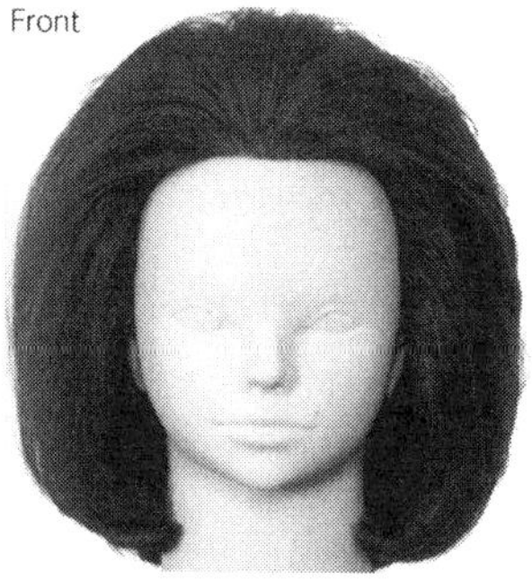

Left

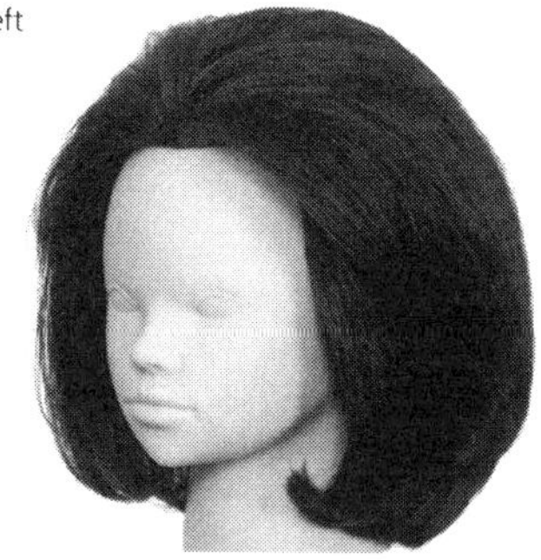

Back

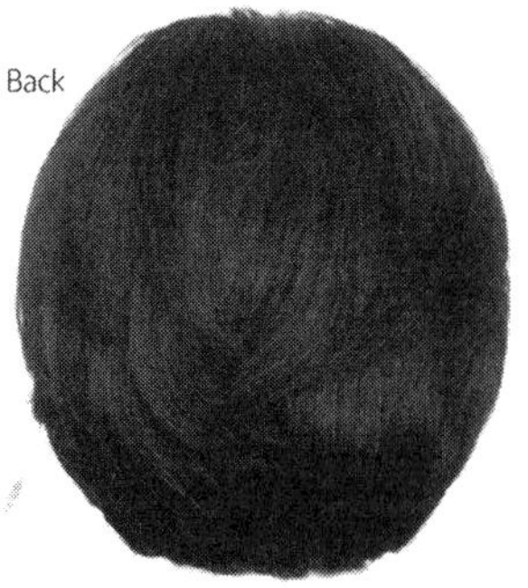

Right

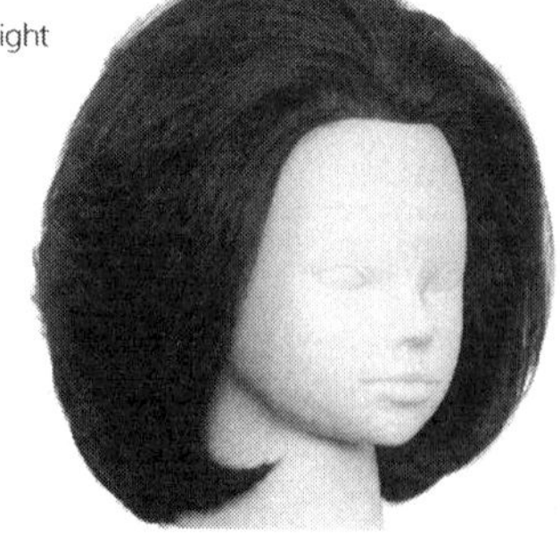

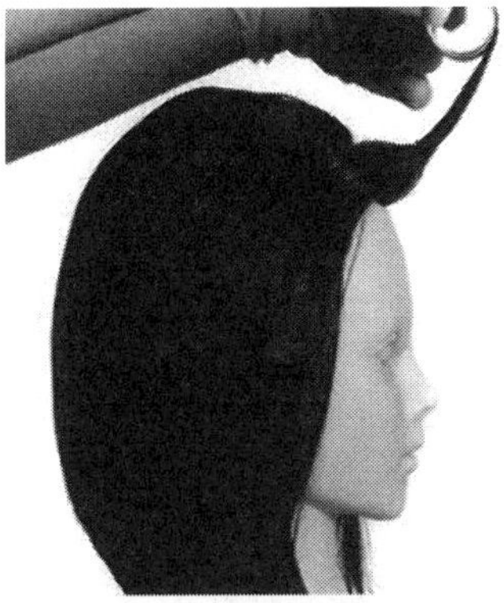
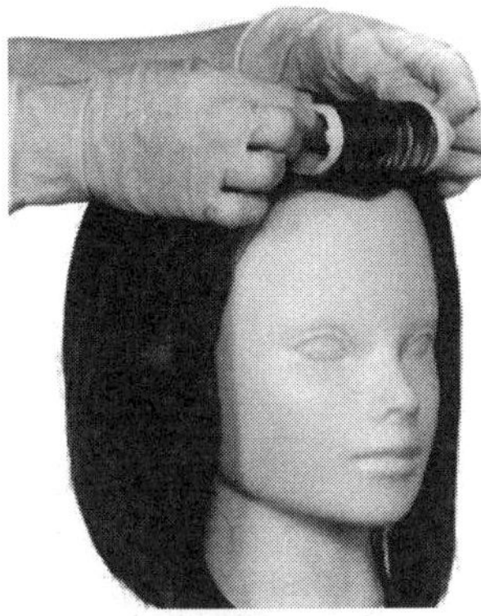
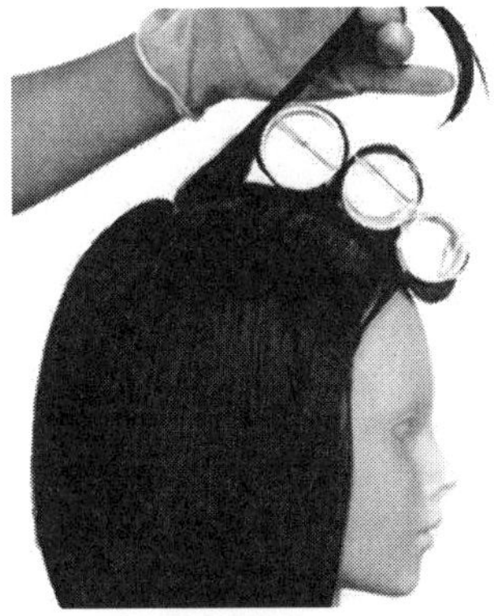
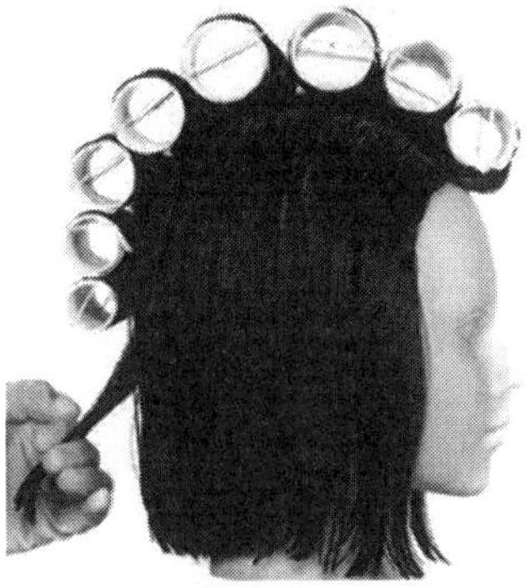
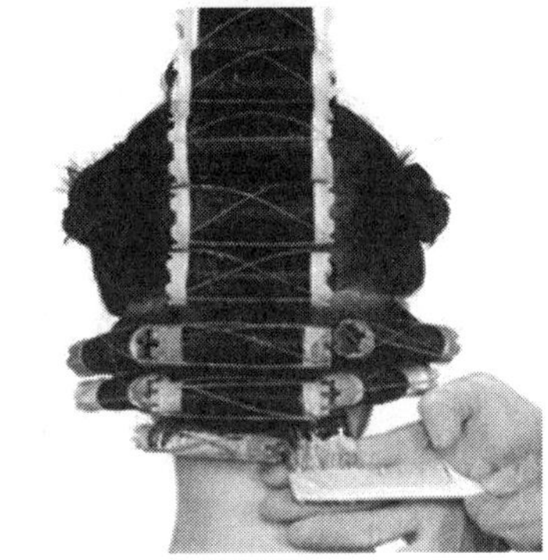
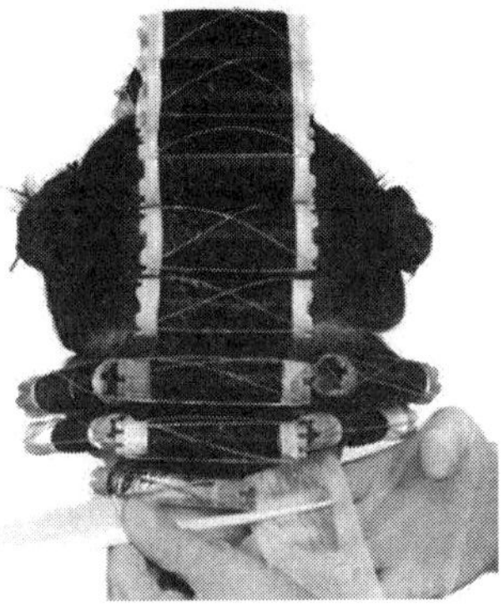
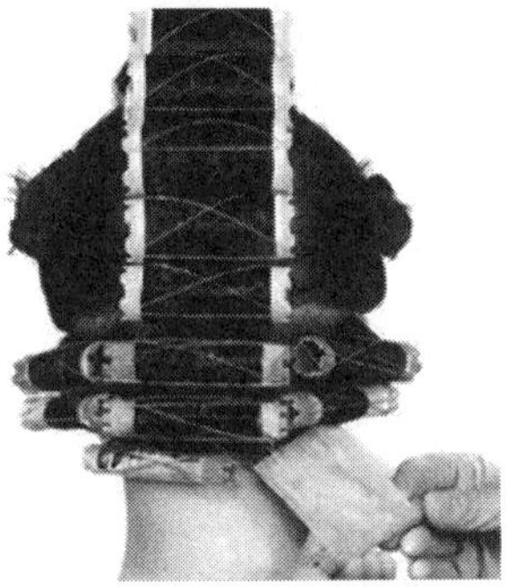
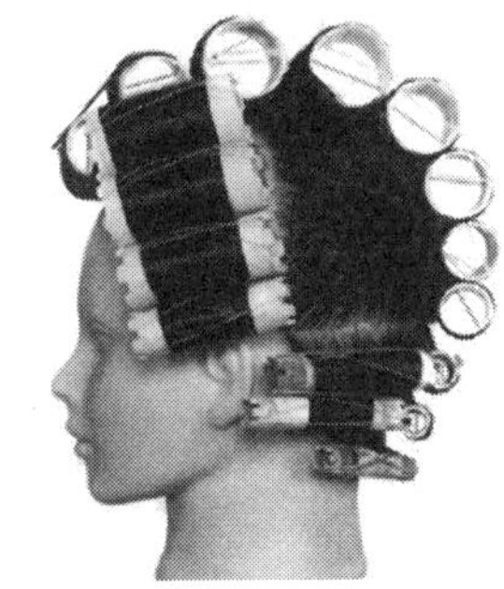
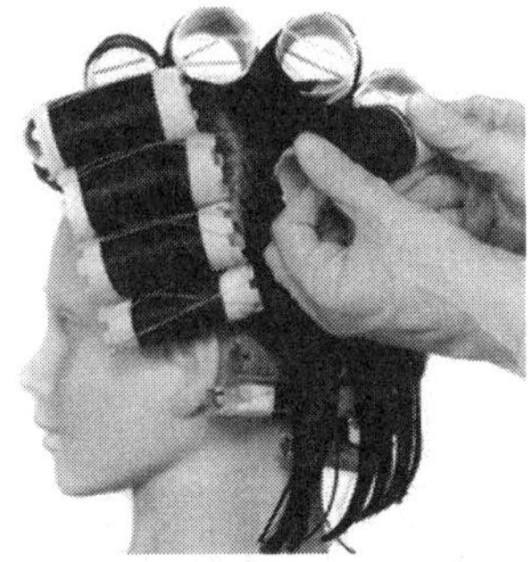
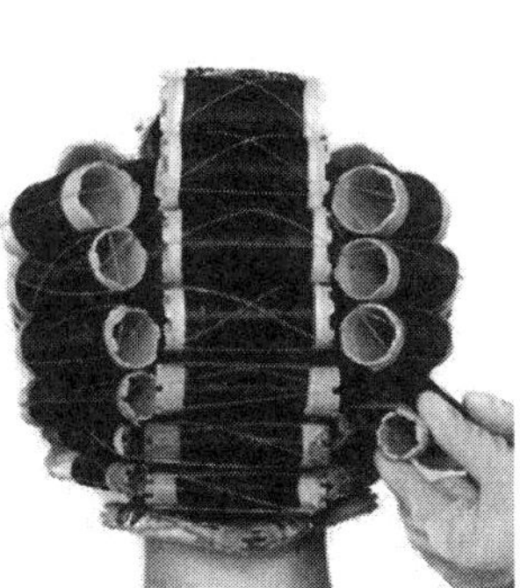

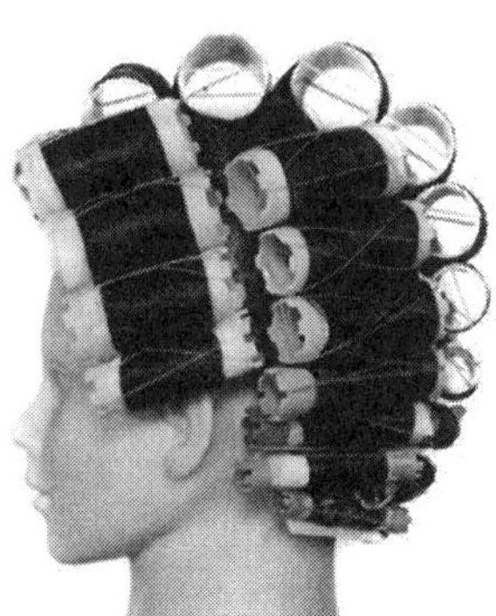

3. Color

1) 위빙(Weaving)

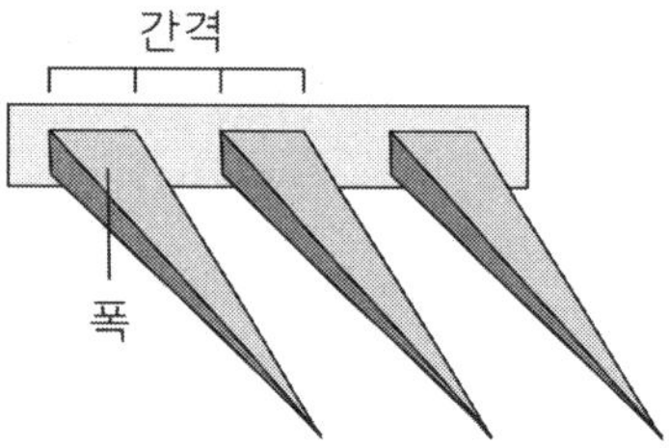

〈2mm 폭 · 2mm 간격〉

〈3mm 폭 · 7mm 간격〉

〈5mm 폭 · 5mm 간격〉

〈10mm 폭 · 10mm 간격〉

● 알루미늄 호일을 이용한 위빙 (3mm 폭, 7mm 간격)

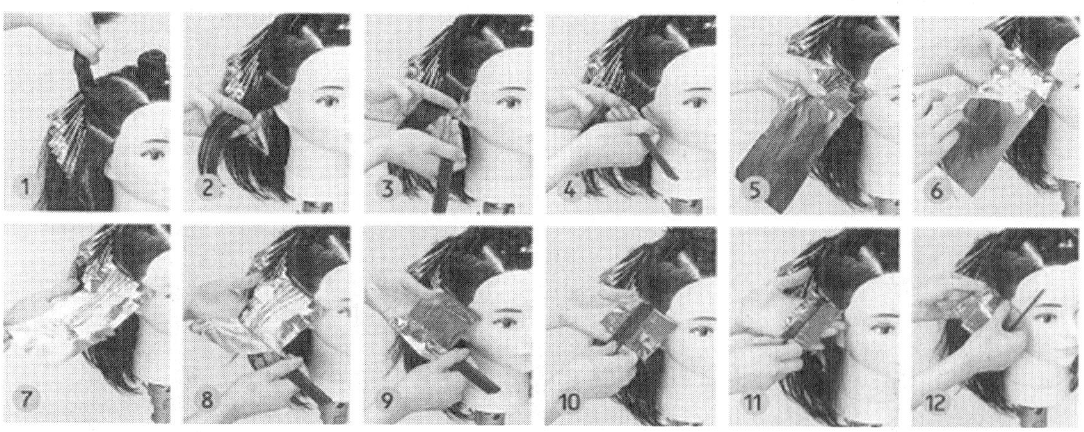

셀로판 페이퍼를 이용한 위빙 (5mm 폭, 5mm 간격)

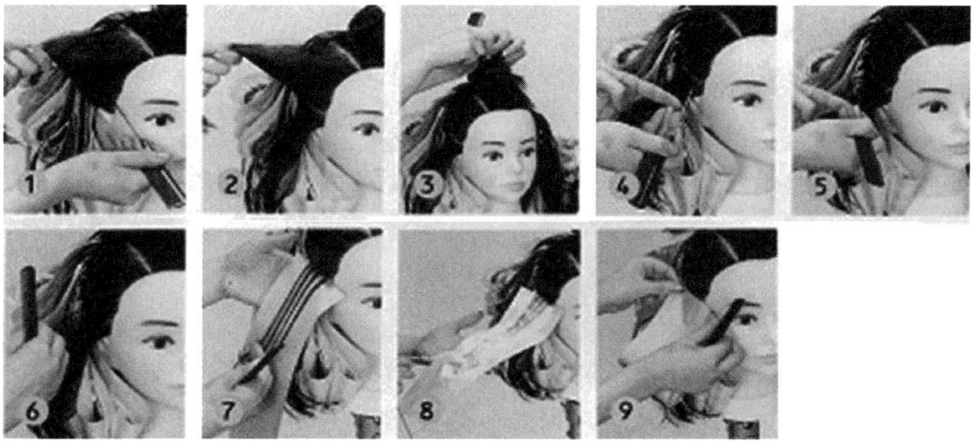

칩(폭)을 잡는 위치

알루미늄 호일을 절취하는 방법, 접는 방법

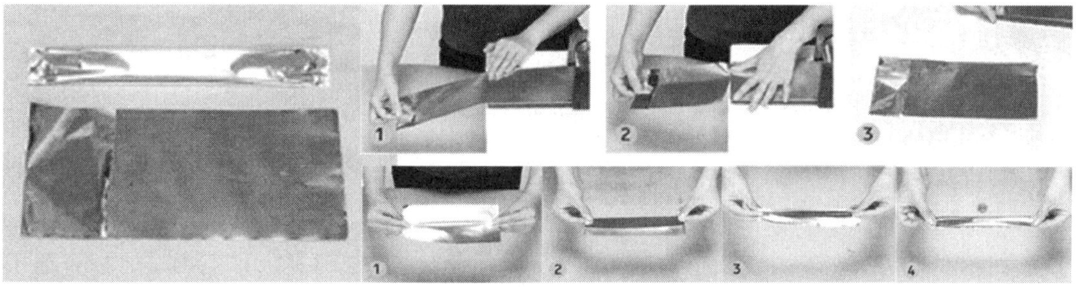

2) 슬라이싱(Slicing)

평행 슬라이싱

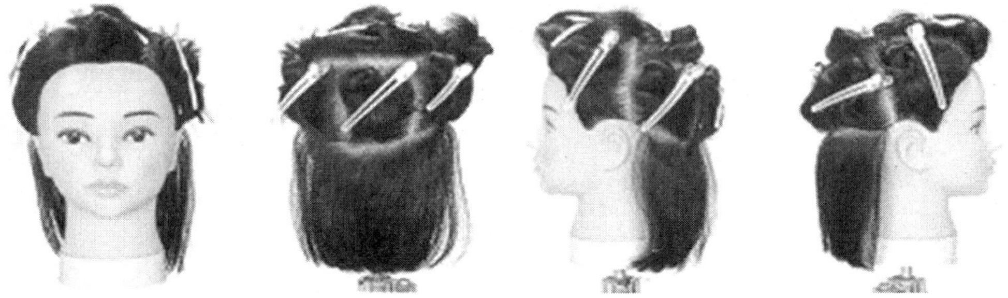

섹셔닝

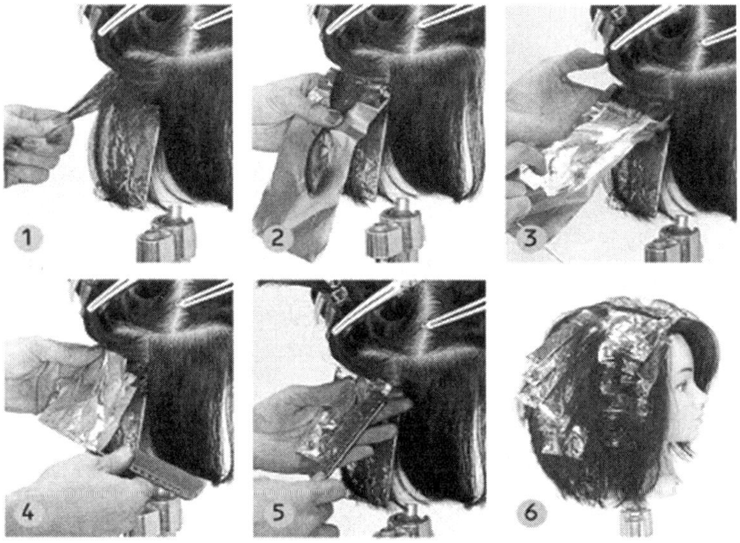

대각선 슬라이싱

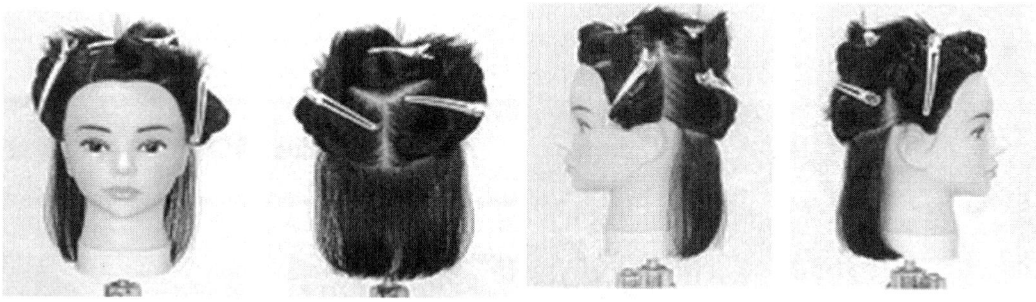

섹셔닝

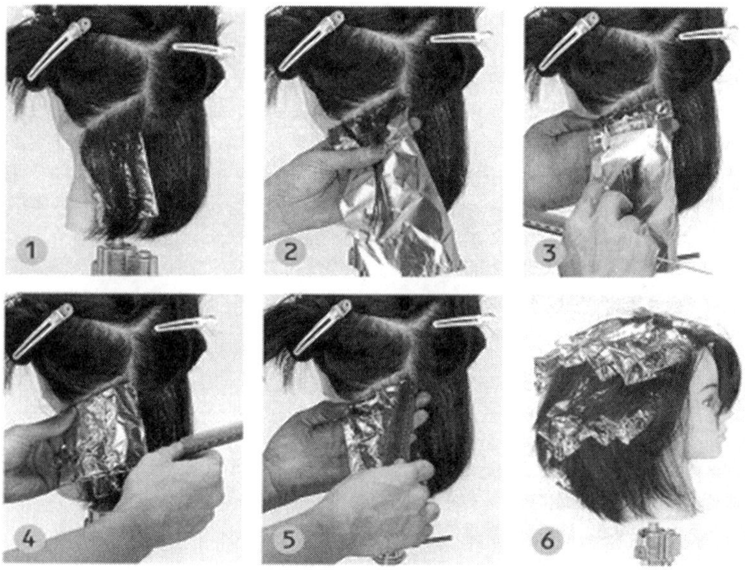

4. Dry

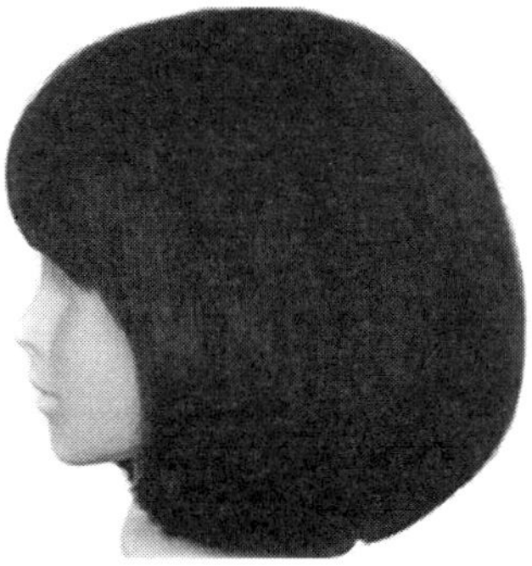

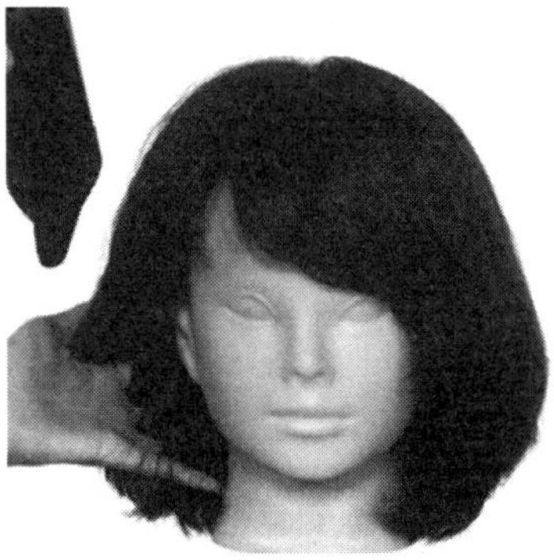

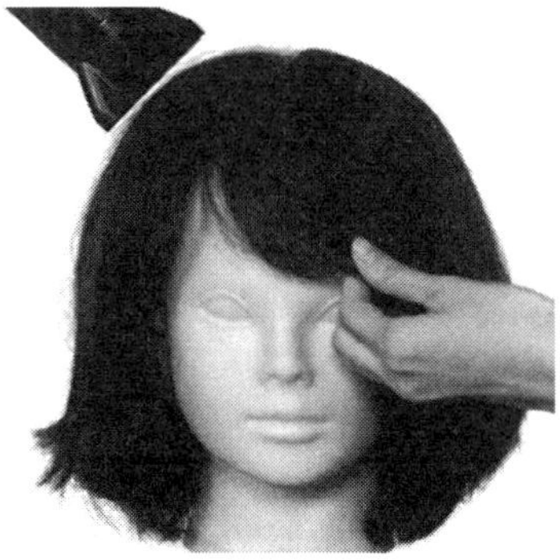

Chapter

08 Basic style 3 - Short hair style

1. Cut

1) Section

(1) 스타일링(Styling)

- 정면 image Square Fringe
- Line cut
- 두상 곡면 형태의 볼륨감
- 모류에 따른 방향감

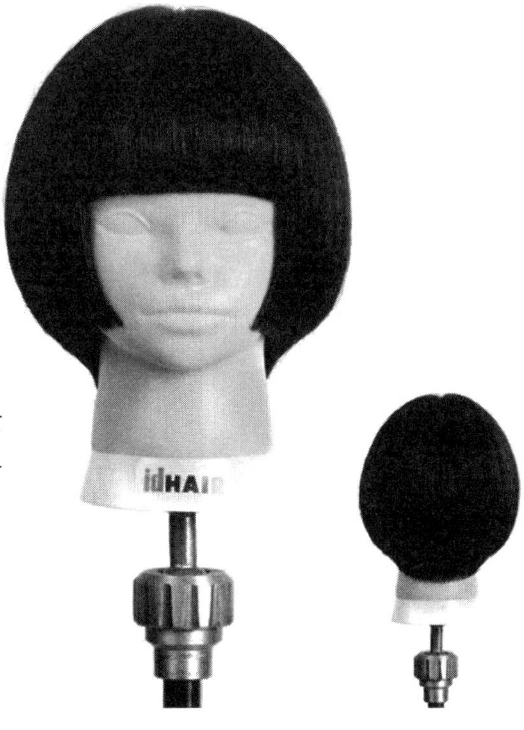

(2) 디자인(Design)

수평 섹션(Horizontal section)을 이용한 완만한 형태의 라인을 강조하는 Bob style 직선을 이용한 곡선의 모양

(3) 3 Section의 이미지

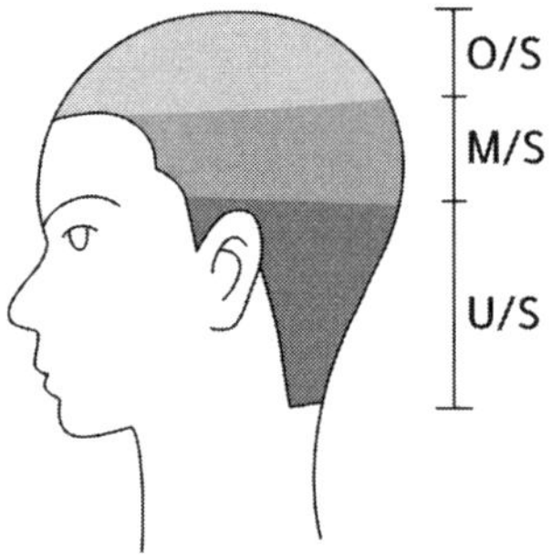

Over Section	웨이트의 높이 결정 헤어스타일의 형태 완성
Middle Section	웨이트의 포인트 결정 웨이트의 넓이/부피감을 결정
Under Section	아웃 라인의 길이/형태 질감에 S예민함

(4) Zone

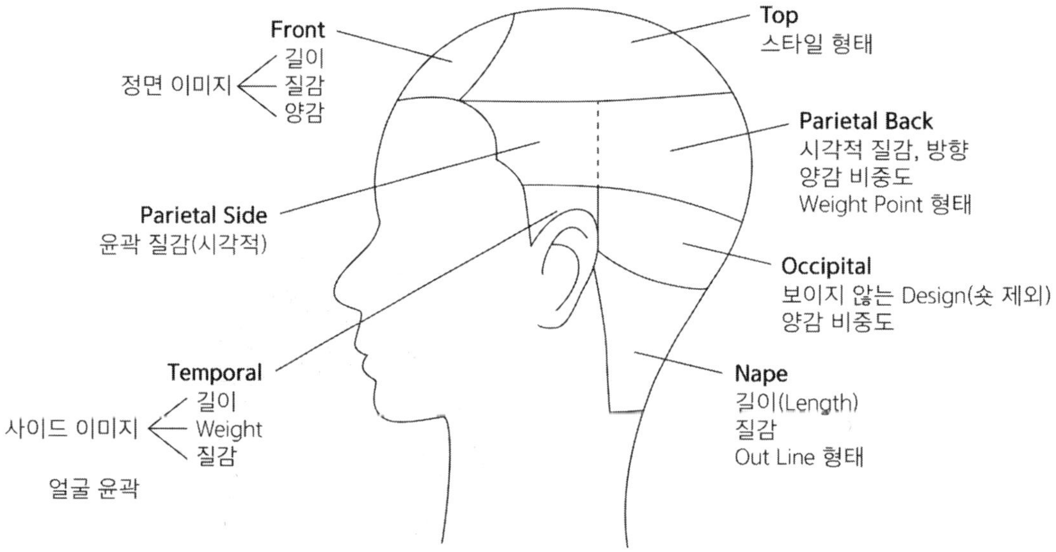

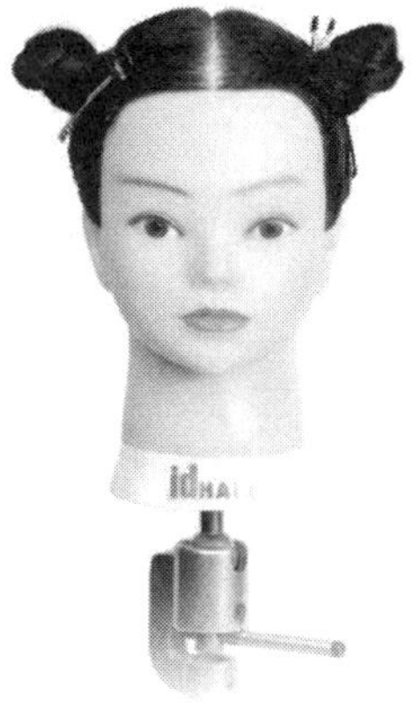

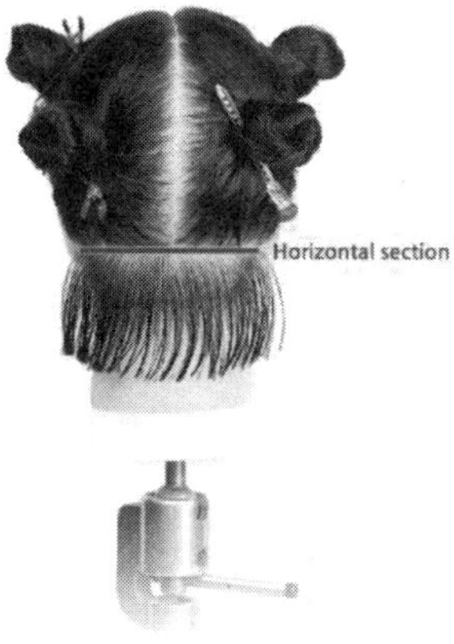

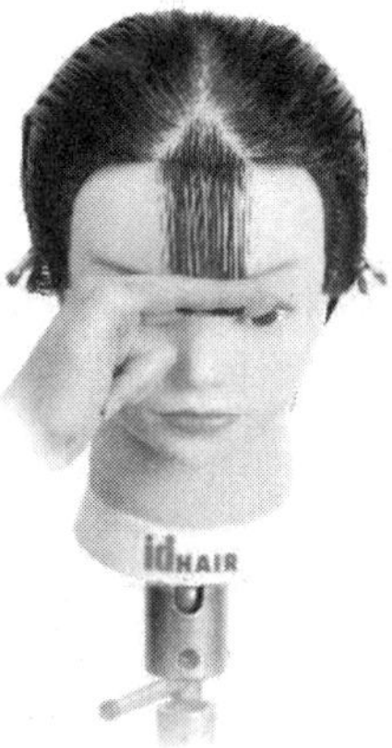

POINT 1
정중선 파트
이어 백 포인트
기준으로 구분

POINT 2
수평(호리존탈) 섹션

POINT 3
프론트 삼각 모양의 섹션
앞머리의 양에 따라
섹션의 범위 설정

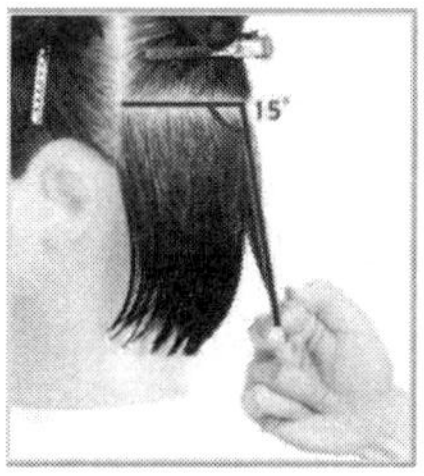

NOTICE
두상 곡면에 다른 15° 각도

NOTICE
네이프 라인의 모양에 따른 아웃 라인

POINT 1
네이프 라인
아웃 라인 설정
콤컷 라운드 형태

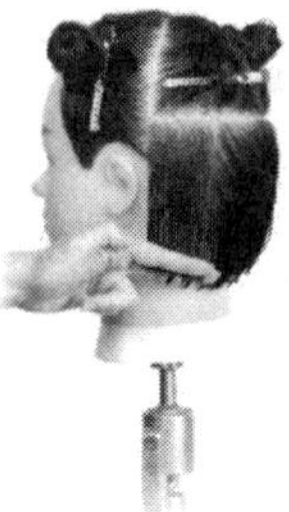

POINT 2
섹션과 직각 형태의 빗질
두상 곡면에 따라 이동
사이드쪽으로 갈수록
후대각 라인 형성

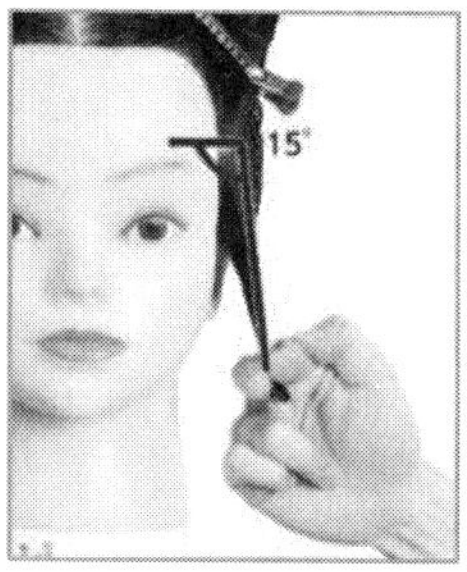

NOTICE

사이드
두상 곡면을 고려한 15°
각도로 커트

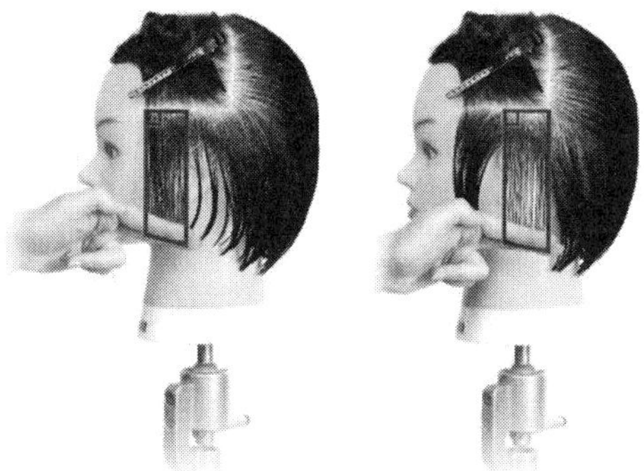

POINT 1

사이드
수평(호리존탈) 섹션
후대각 라인으로 커트

POINT 2

두상 곡면에 따라
이동하며 커트

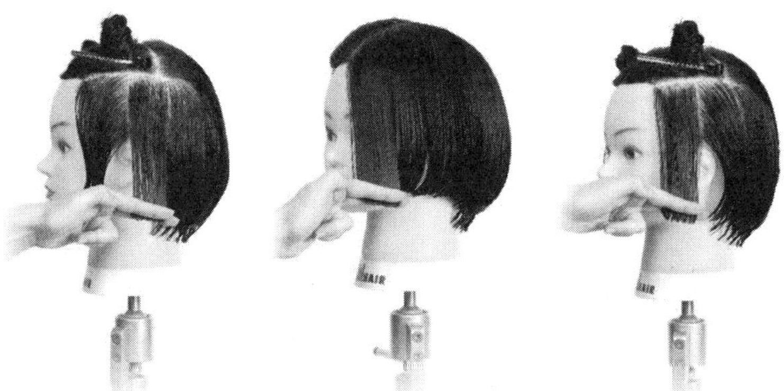

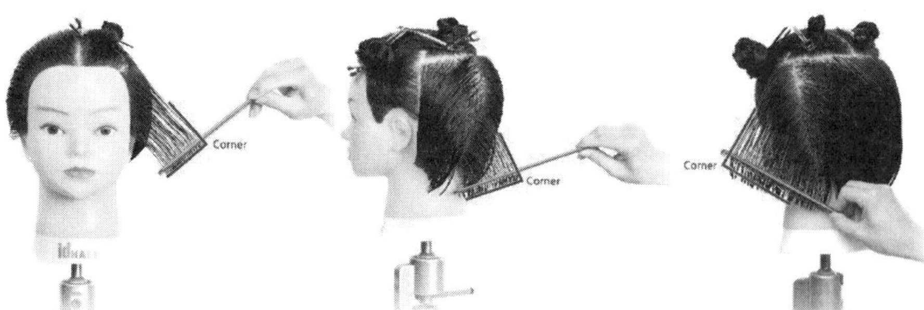

POINT 3

백&사이드
세로 형태로
코너 정리
라인 체크

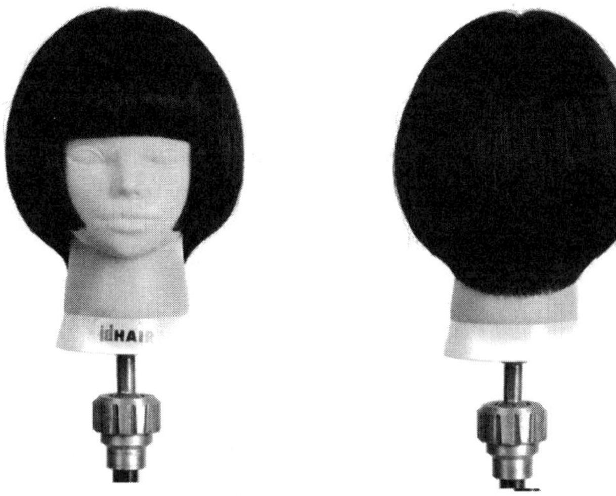

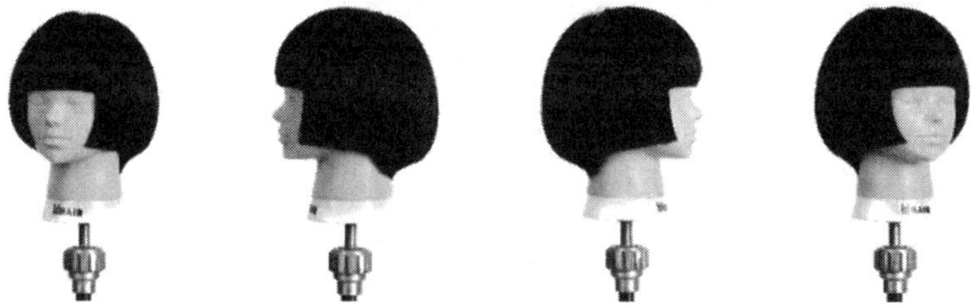

2. Permanent wave

Front

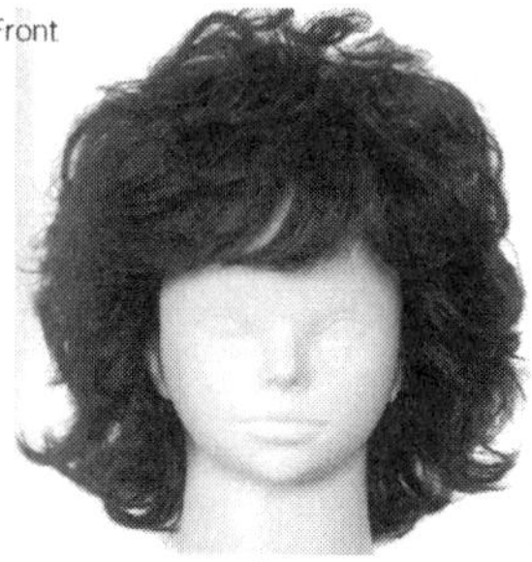

Left

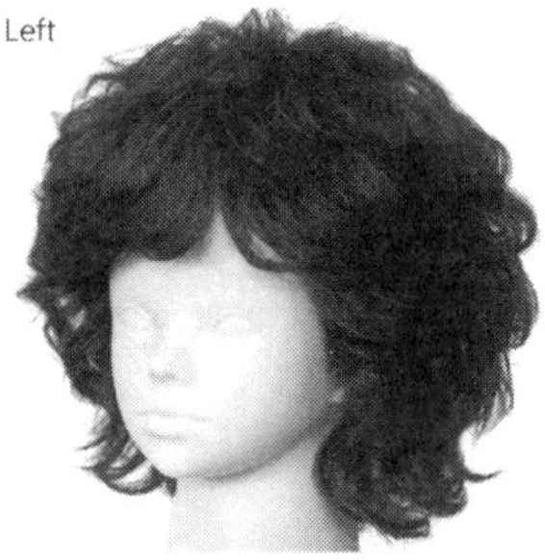

Back

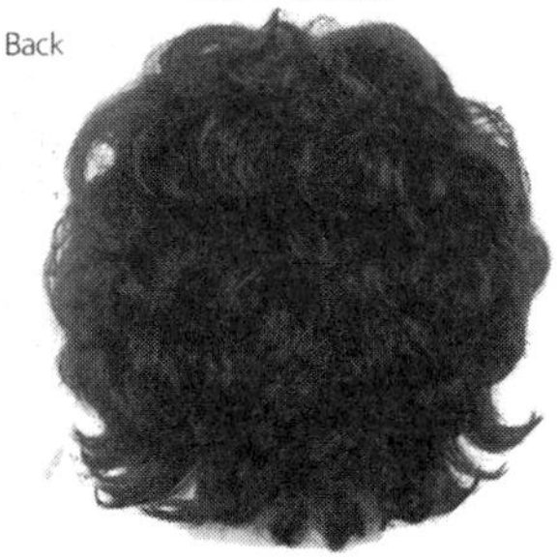

Right

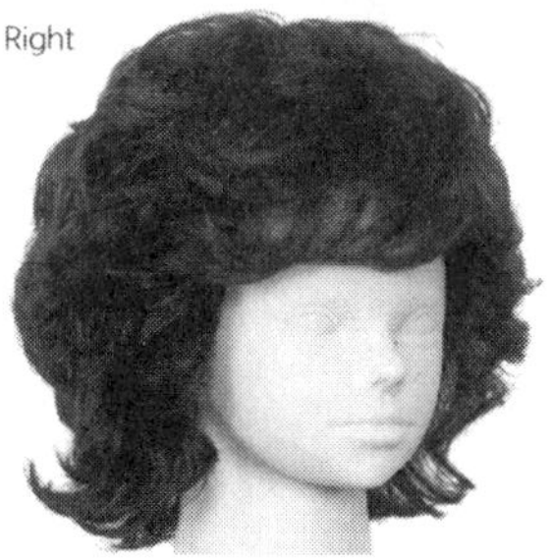

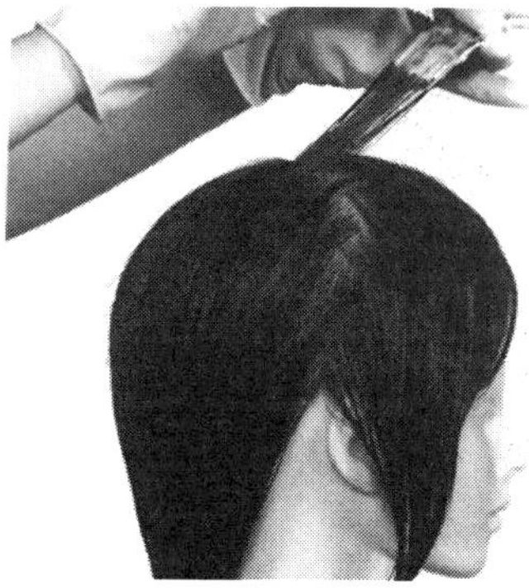
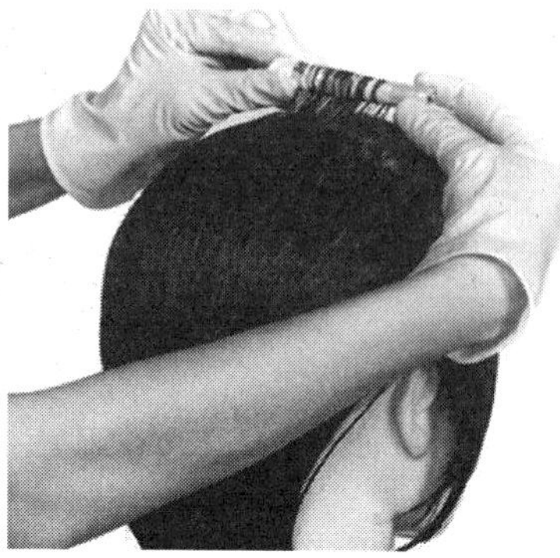

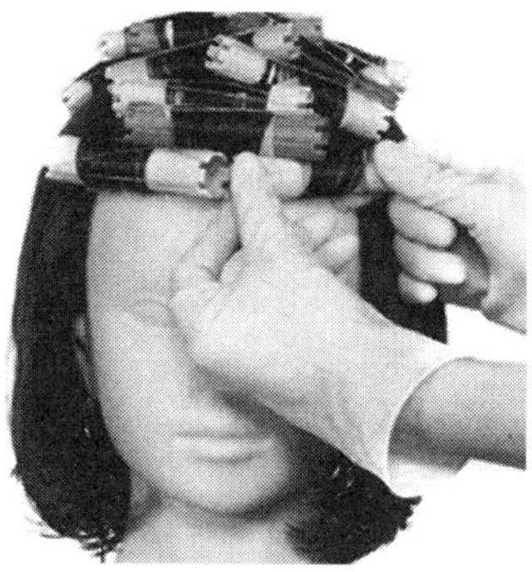

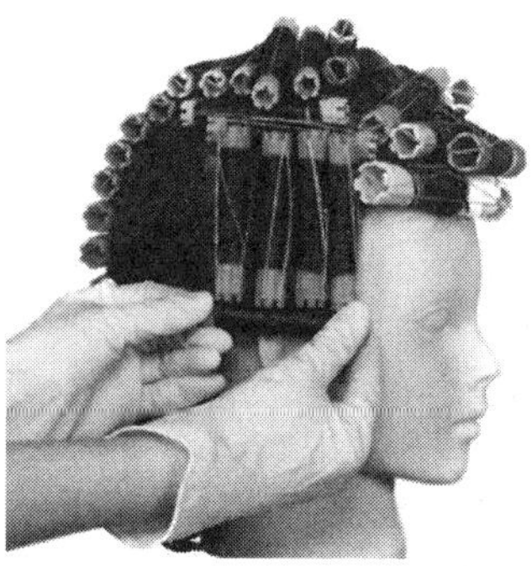
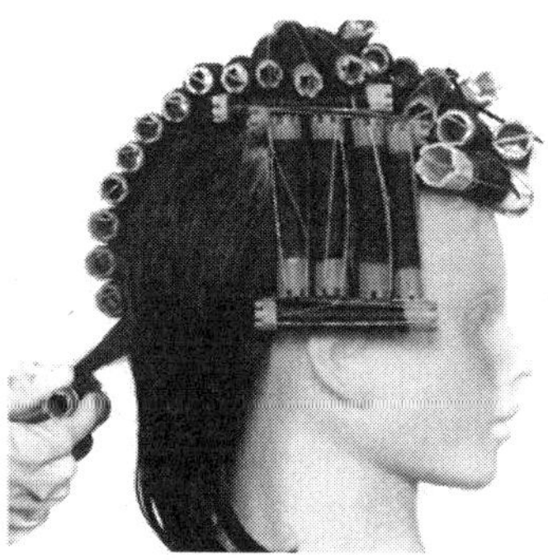
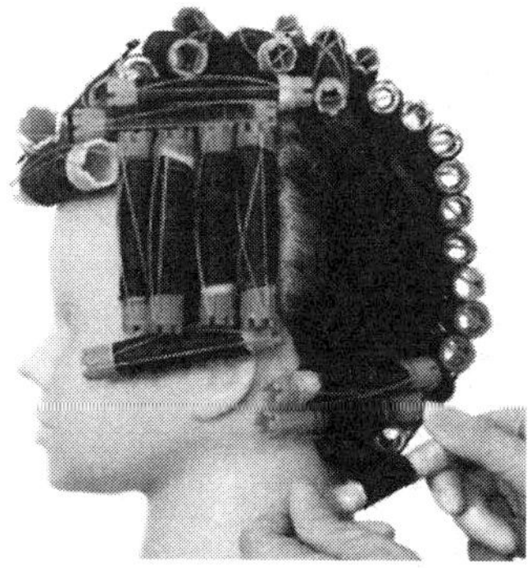

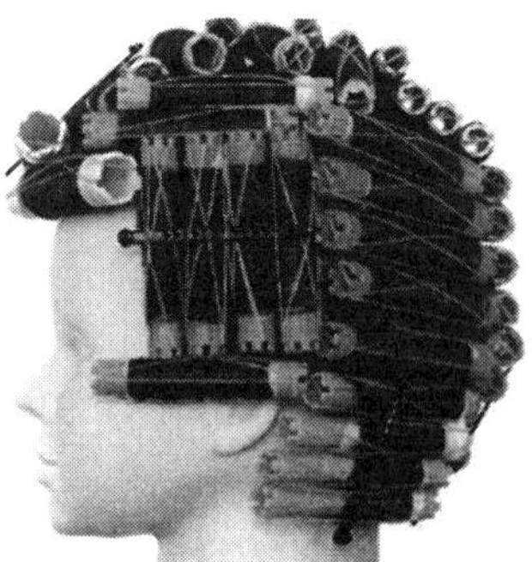

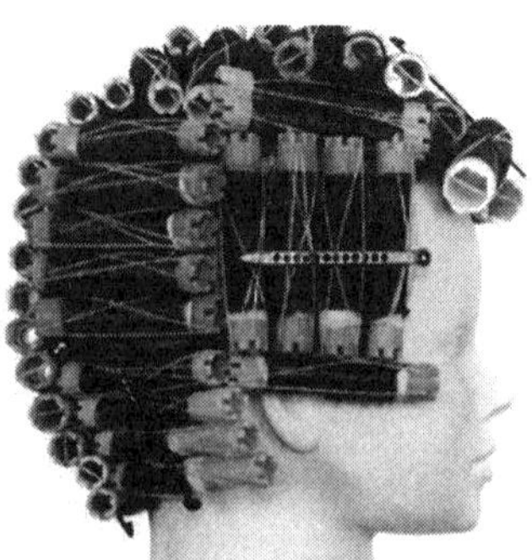

3. Color

1) 헤어 매니큐어

(1) 헤어 메니큐어의 용도

-
-
-

(2) 시술 순서

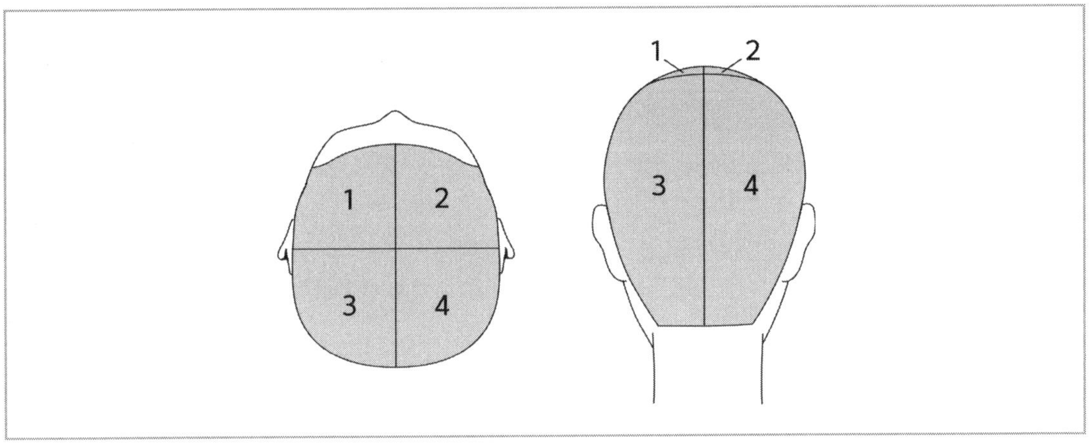

(3) 붓의 각도와 약액의 도포량 조절

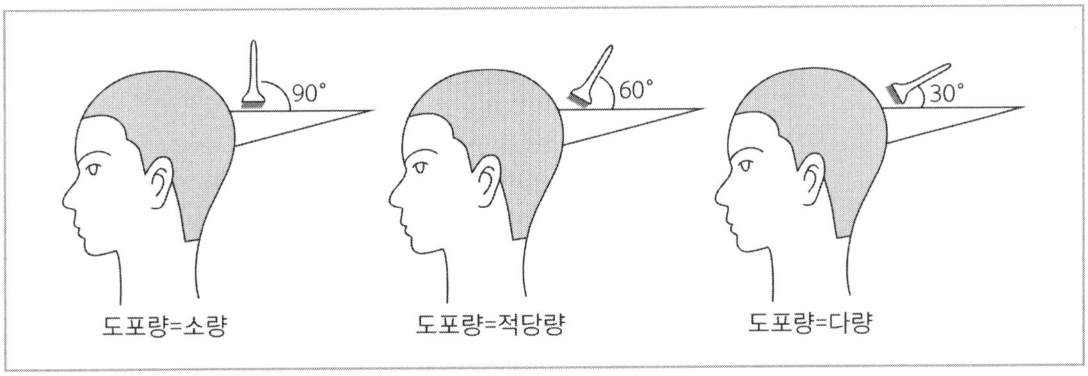

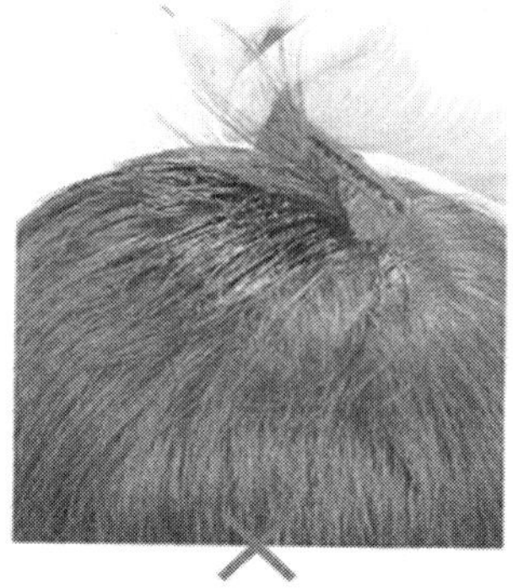

(4) 모발의 길이별 도포 순서

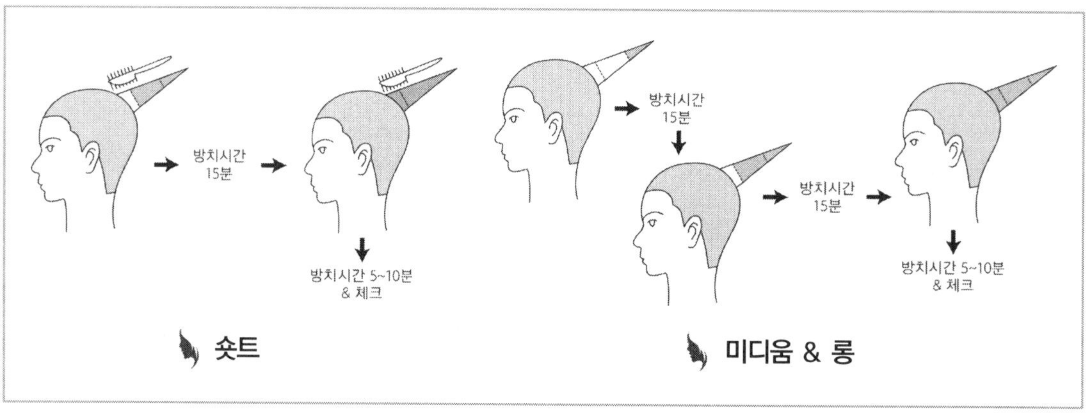

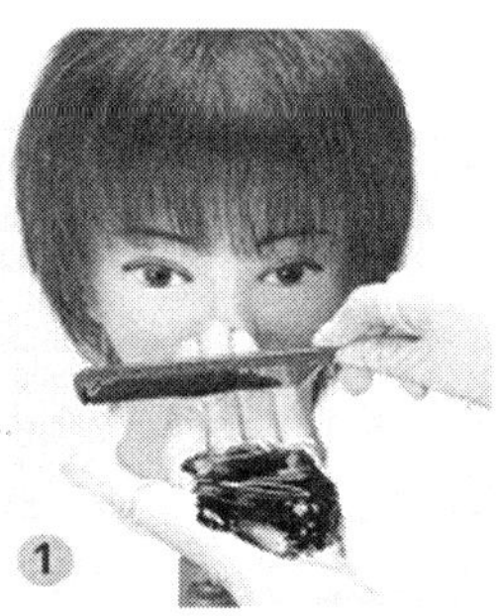

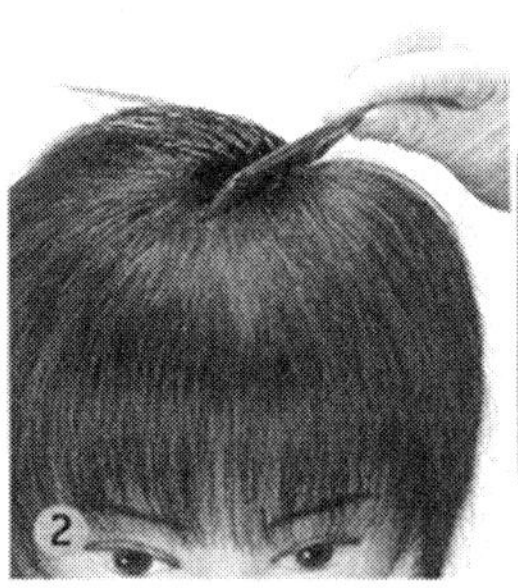

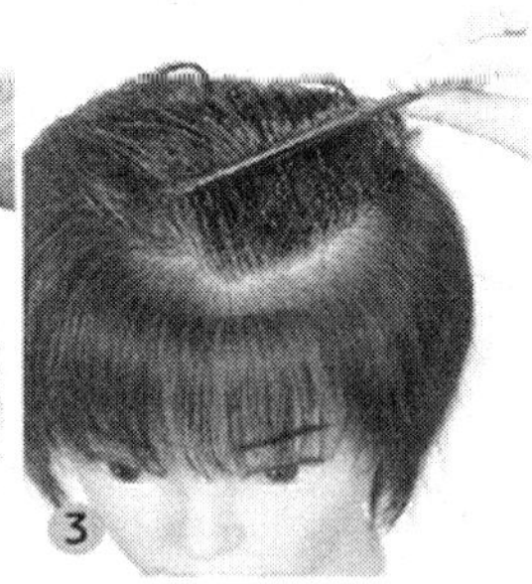

2) 그레이 헤어(재염색)

- 백모 염색 도포법(패션 그레이 제품 사용)

3) 버진모에 Tone Up 도포하기

(1) 염색하기 쉬운 부분과 염색하기 어려운 부분

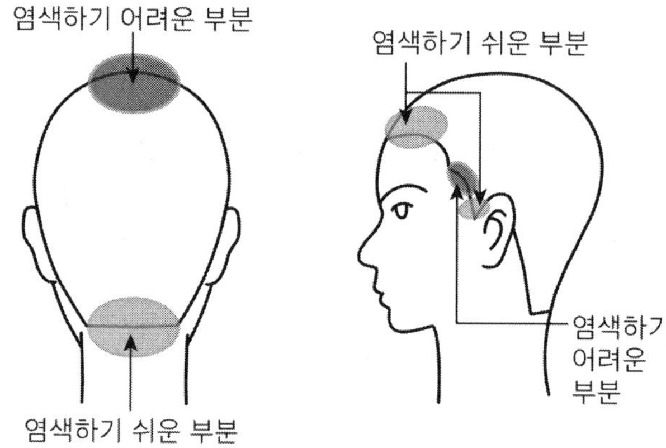

(2) 염모제의 도포량

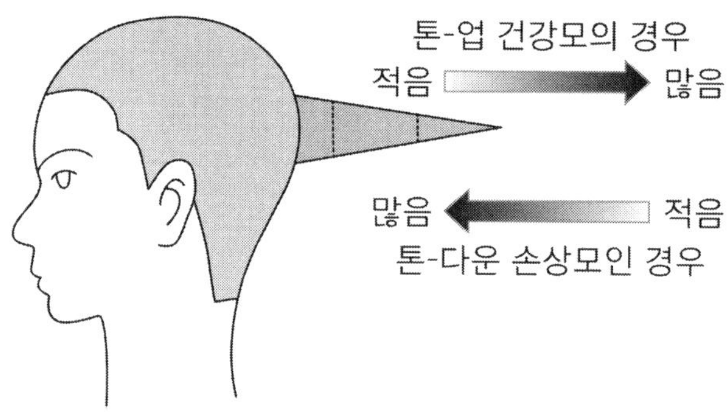

(3) 붓의 사용 방법(각도)

- 염색하기 어려운 부분에는 붓을 눕혀서 다량 도포

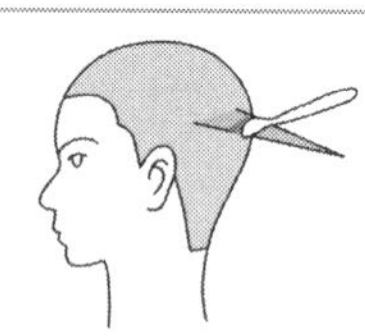

- 염색하기 쉬운 부분에는 붓을 세워서 소량 도포

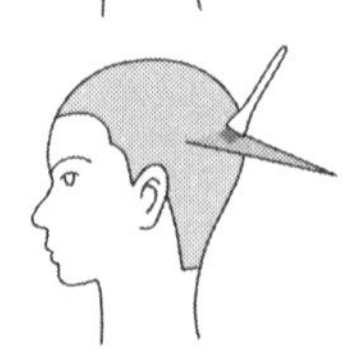

(4) 길이에 따른 도포 방법

① 숏트

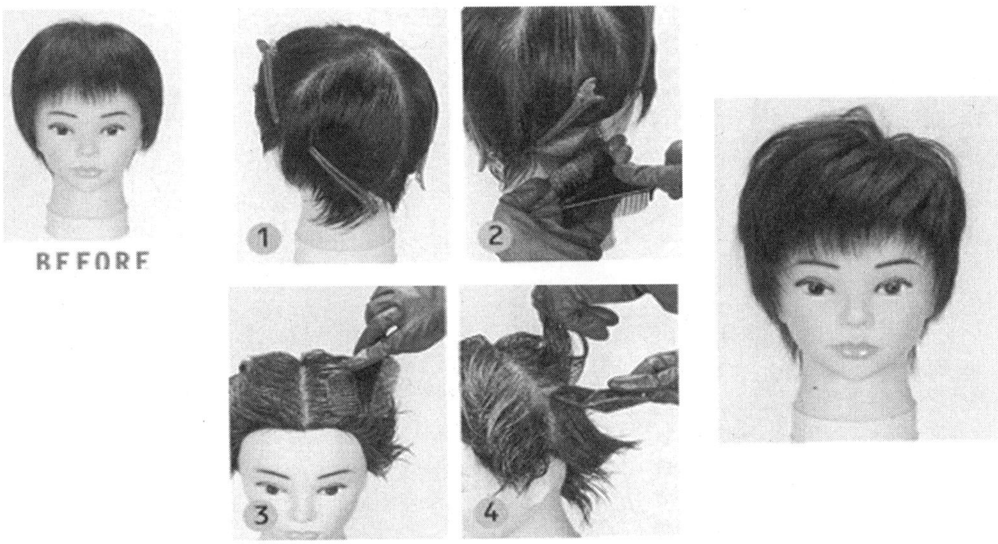

② 미디움(20cm 미만)

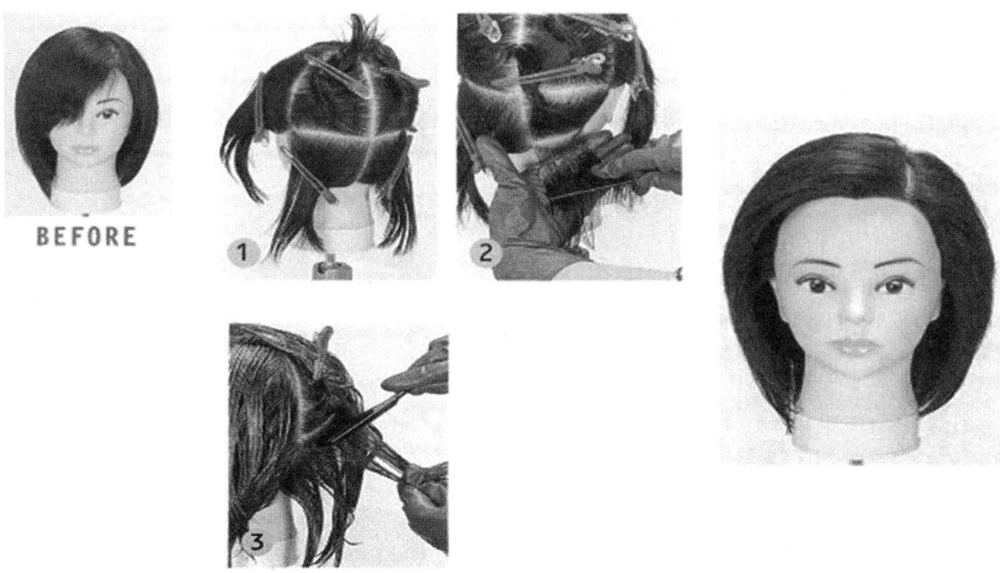

③ 롱(20cm 이상)

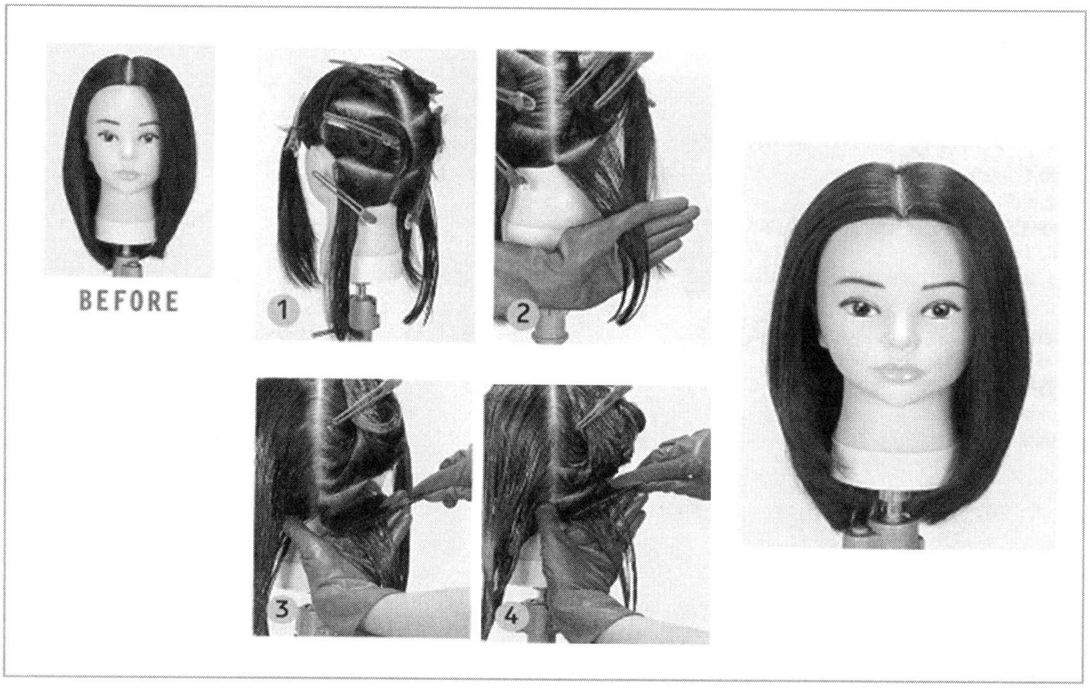

4) 리터치

(1) 기염모 리터치 = 원터치(뿌리 1.5cm인 경우)

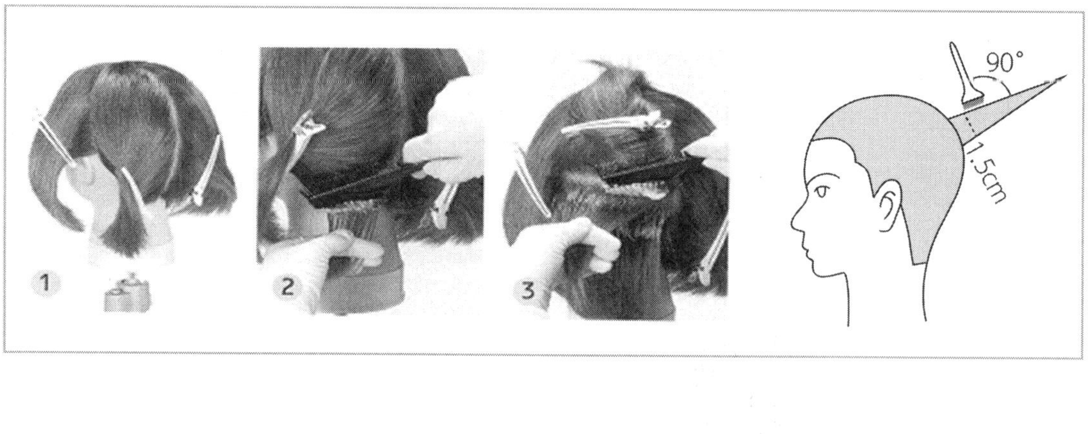

(2) 기염모 리터치 = 투터치(뿌리 3cm 이상인 경우)

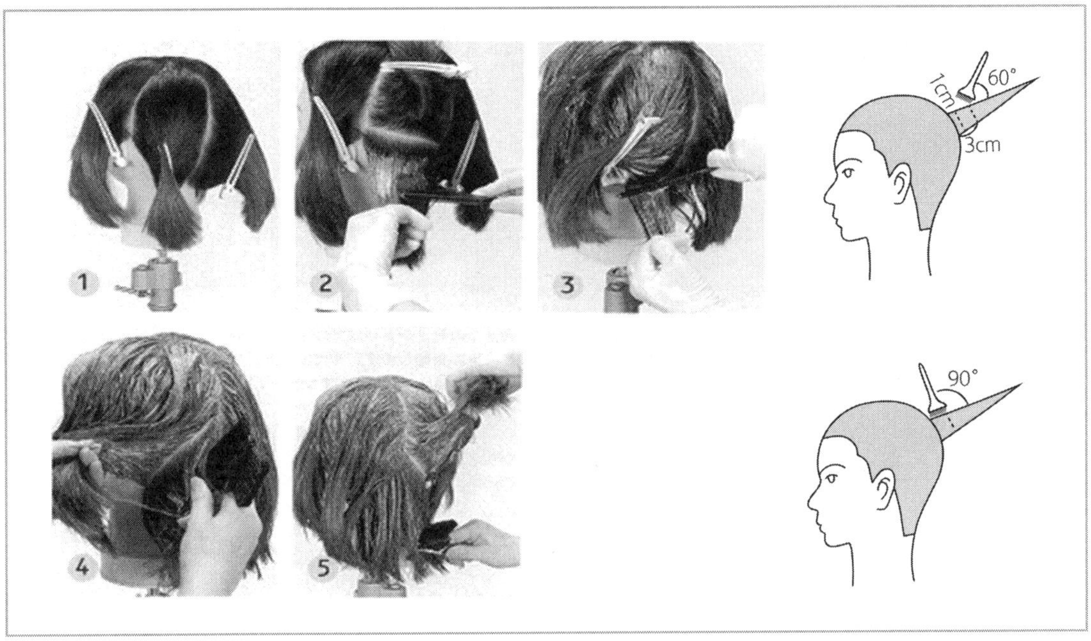

4. Dry

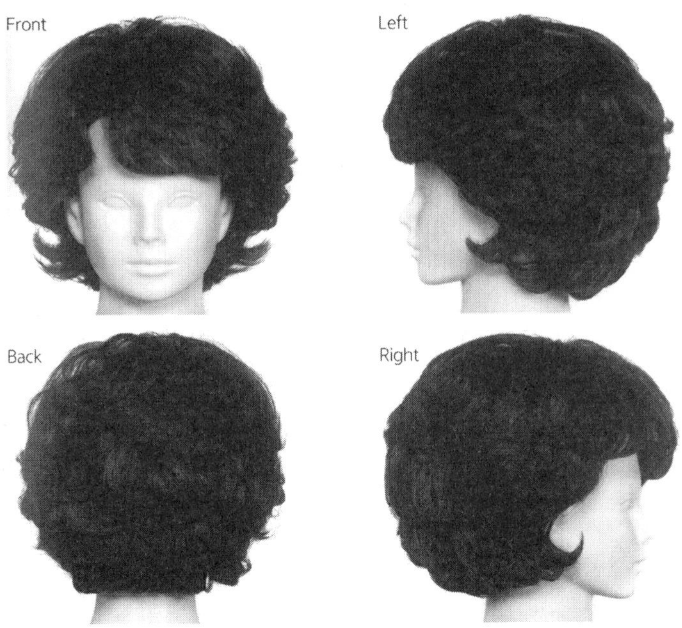

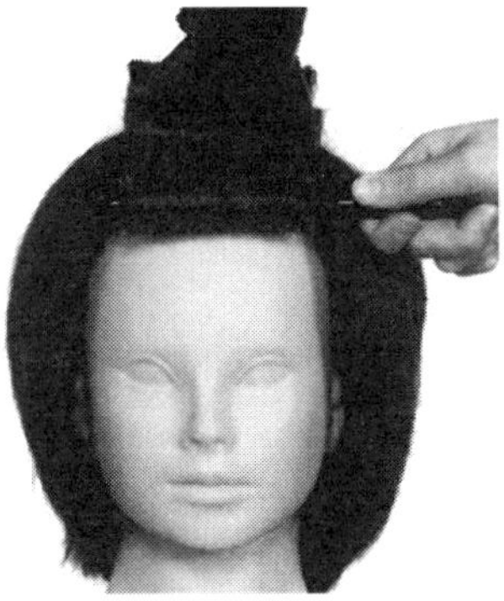

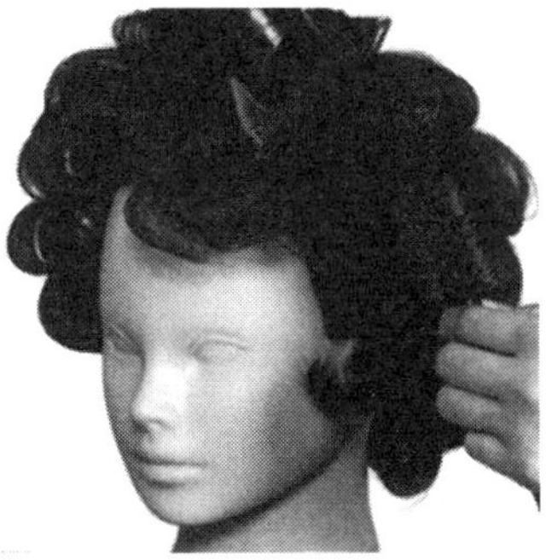
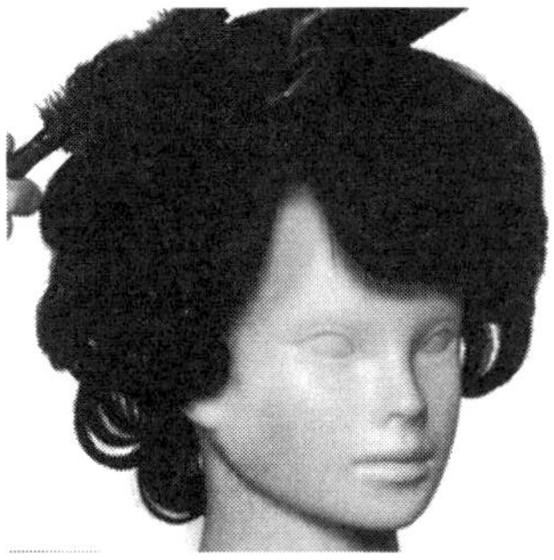

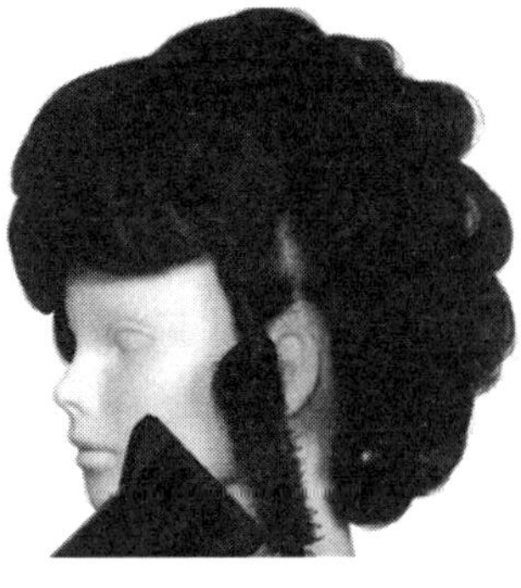
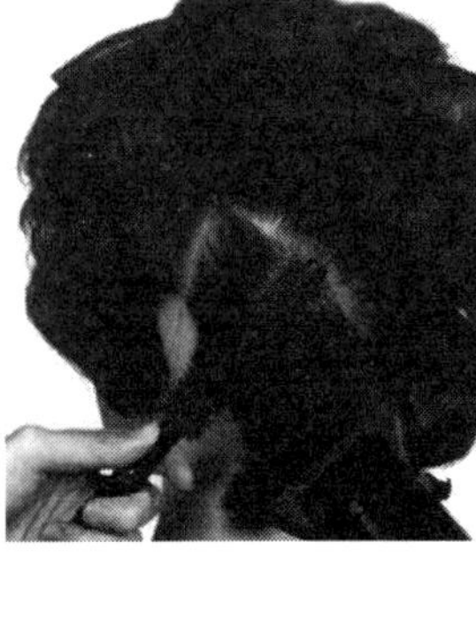
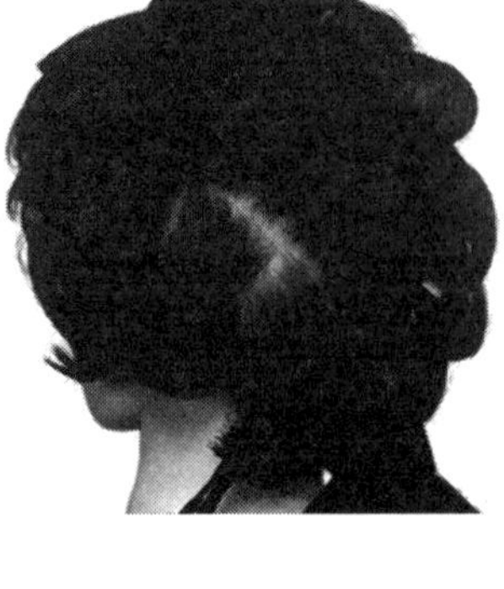
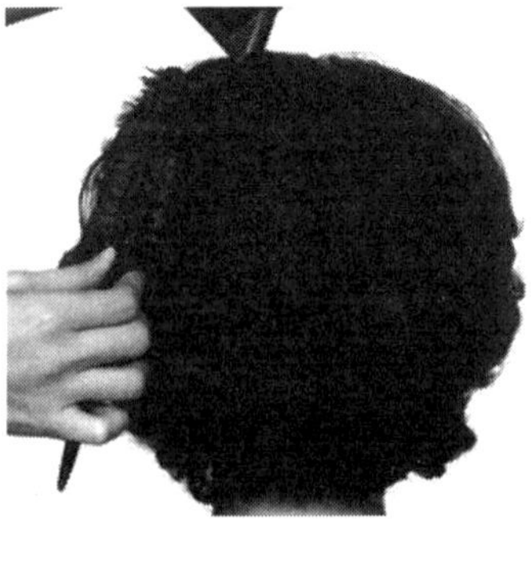

● **저자약력**

홍미라

- 한성대학교 뷰티디자인매니지먼트학과 초빙교수 재직 중
- 한성대학교 예술대학원 뷰티예술학과 석사 졸업
- 원광대학교 일반대학원 뷰티디자인학과 박사과정 수료
- 한국미용자격협회 업스타일분과 부회장
- 서경대학교 미용예술학과 겸임교수 역임
- 용인대학교 뷰티케어학과 초빙교원 역임

윤영한

- 서해대학교 뷰티케어학과 교수

기초 헤어 응용 실습서

초 판 인 쇄 | 2020년 8월 25일
초 판 발 행 | 2020년 8월 31일

저 자 | 홍미라 · 윤영한
발 행 인 | **조규백**
발 행 처 | 도서출판 **구민사**
| (07293)
| 서울특별시 영등포구 문래북로 116, 604호(문래동 3가 46, 트리플렉스)
전 화 | (02) 701-7421(~2)
팩 스 | (02) 3273-9642
홈 페 이 지 | www.kuhminsa.co.kr
신 고 번 호 | 제 2012-000055호 (1980년 2월 4일)
I S B N | 979-11-5813-840-0 [93590]
값 | 18,000원